发现之旅

历史篇

新光传媒 ◎ 编译

Eaglemoss出版公司 ◎ 出品

FIND OUT MORE

世界科技简史

石油工业出版社

图书在版编目（CIP）数据

世界科技简史 / 新光传媒编译. —北京：石油工业出版社，2019.6
（发现之旅. 历史篇）
ISBN 978-7-5183-2961-8

Ⅰ. ①世… Ⅱ. ①新… Ⅲ. ①自然科学史—世界—普及读物 Ⅳ. ①N091-49

中国版本图书馆CIP数据核字（2018）第234900号

发现之旅：世界科技简史（历史篇）
新光传媒　编译

出版发行：石油工业出版社
　　　　　（北京安定门外安华里2区1号楼　100011）
网　　址：www.petropub.com
编 辑 部：（010）64523783
图书营销中心：（010）64523633
经　　销：全国新华书店
印　　刷：北京中石油彩色印刷有限责任公司
2019 年 6 月第 1 版　2021 年 10 月第 2 次印刷
889×1194 毫米　开本：1/16　印张：7.5
字　　数：125 千字
定　　价：32.80 元
（如出现印装质量问题，我社图书营销中心负责调换）
版权所有，翻印必究

© Eaglemoss Limited, 2019 and licensed to Beijing XinGuang CanLan ShuKan Distribution Co., Limited
北京新光灿烂书刊发行有限公司版权引进并授权石油工业出版社在中国境内出版。

编辑说明

"发现之旅"系列图书是我社从英国 Eaglemoss（艺格莫斯）出版公司引进的一套风靡全球的家庭趣味图解百科读物，由新光传媒编译。这套图书图片丰富、文字简洁、设计独特，适合 8～14 岁读者阅读，也适合家庭亲子阅读和分享。

英国 Eaglemoss 出版公司是全球最重要的分辑读物出版公司之一。目前，它在全球 35 个国家和地区出版、发行分辑读物。新光传媒作为中国出版市场积极的探索者和实践者，通过十余年的努力，成为"分辑读物"这一特殊出版门类在中国非常早、非常成功的实践者，并与全球非常强势的分辑读物出版公司 DeAgostini（迪亚哥）、Hachette（阿谢特）、Eaglemoss 等形成战略合作，在分辑读物的引进和转化、数字媒体的编辑和制作、出版衍生品的集成和销售等方面，进行了大量的摸索和创新。

《发现之旅》（FIND OUT MORE）分辑读物以"牛津少年儿童百科"为基准，增加大量的图片和趣味知识，是欧美孩子必选科普书，每 5 年更新一次，内含近 10000 幅图片，欧美销售 30 年。

"发现之旅"系列图书是新光传媒对 Eaglemoss 最重要的分辑读物 FIND OUT MORE 进行分类整理、重新编排体例形成的一套青少年百科读物，涉及科学技术、应用等的历史更迭等诸多内容。全书约 450 万字，超过 5000 页，以历史篇、文学·艺术篇、人文·地理篇、现代技术篇、动植物篇、科学篇、人体篇等七大板块，向读者展示了丰富多彩的自然、社会、艺术世界，同时介绍了大量贴近现实生活的科普知识。

> **发现之旅（历史篇）**：共 8 册，包括《发现之旅：世界古代简史》《发现之旅：世界中世纪简史》《发现之旅：世界近代简史》《发现之旅：世界现代简史》《发现之旅：世界科技简史》《发现之旅：中国古代经济与文化发展简史》《发现之旅：中国古代科技与建筑简史》《发现之旅：中国简史》，主要介绍从古至今那些令人着迷的人物和事件。

发现之旅（文学·艺术篇）： 共 5 册，包括《发现之旅：电影与表演艺术》《发现之旅：音乐与舞蹈》《发现之旅：风俗与文物》《发现之旅：艺术》《发现之旅：语言与文学》，主要介绍全世界多种多样的文学、美术、音乐、影视、戏剧等艺术作品及其历史等，为读者提供了了解多种文化的机会。

发现之旅（人文·地理篇）： 共 7 册，包括《发现之旅：西欧和南欧》《发现之旅：北欧、东欧和中欧》《发现之旅：北美洲与南极洲》《发现之旅：南美洲与大洋洲》《发现之旅：东亚和东南亚》《发现之旅：南亚、中亚和西亚》《发现之旅：非洲》，通过地图、照片和事实档案等，逐一介绍各个国家和地区，让读者了解它们的地理位置、风土人情、文化特色等。

发现之旅（现代技术篇）： 共 4 册，包括《发现之旅：电子设备与建筑工程》《发现之旅：复杂的机械》《发现之旅：交通工具》《发现之旅：军事装备与计算机》，主要解答关于现代技术的有趣问题，比如机械、建筑设备、计算机技术、军事技术等。

发现之旅（动植物篇）： 共 11 册，包括《发现之旅：哺乳动物》《发现之旅：动物的多样性》《发现之旅：不同环境中的野生动植物》《发现之旅：动物的行为》《发现之旅：动物的身体》《发现之旅：植物的多样性》《发现之旅：生物的进化》等，主要介绍世界上各种各样的生物，告诉我们地球上不同物种的生存与繁殖特性等。

发现之旅（科学篇）： 共 6 册，包括《发现之旅：地质与地理》《发现之旅：天文学》《发现之旅：化学变变变》《发现之旅：原料与材料》《发现之旅：物理的世界》《发现之旅：自然与环境》，主要介绍物理学、化学、地质学等的规律及应用。

发现之旅（人体篇）： 共 4 册，包括《发现之旅：我们的健康》《发现之旅：人体的结构与功能》《发现之旅：体育与竞技》《发现之旅：休闲与运动》，主要介绍人的身体结构与功能、健康以及与人体有关的体育、竞技、休闲运动等。

"发现之旅"系列并不是一套工具书，而是孩子们的课外读物，其知识体系有很强的科学性和趣味性。孩子们可根据自己的兴趣选读某一类别，进行连续性阅读和扩展性阅读，伴随着孩子们日常生活中的兴趣点变化，很容易就能把整套书读完。

目录 CONTENTS

世界七大奇迹…………………………2

世界公路交通…………………………10

世界航空运输…………………………17

帆船时代的海上交通…………………23

世界铁路交通…………………………28

世界医学的发展………………………35

科学的发现……………………………42

世界天文学的发展……………………46

电的发现………………………………49

生命科学的发展………………………53

地球科学的发展………………………57

考古发现………………………………61

伟大的机械发明………………………68

时钟……………………………………75

海洋运输的革命………………………79

汽车的历史……………………………83

火器的历史……………………………89

世界服饰（公元前6000—公元1800年）…93

世界服饰（1800—1990年）……………99

世界堡垒和城堡………………………106

世界七大奇迹

公元前2世纪，古希腊西顿城的作家安提帕特在他的一本游记上列出了一份名单。在这份名单上，他列出了他所认为的当时世界上最伟大的七座建筑与雕像。自此，这些壮观的建筑与雕像被人们称为世界七大奇迹。

金字塔

在安提帕特的名单上，有一处建筑，至今仍然吸引着很多游客前去参观，它就是位于埃及吉萨的金字塔。由于这些金字塔高高地耸立在沙漠之上，所以在很远的地方，它们就吸引了人们的眼光。在埃及境内已发现的110座金字塔中，吉萨高地的祖孙三代金字塔——胡夫金字塔、

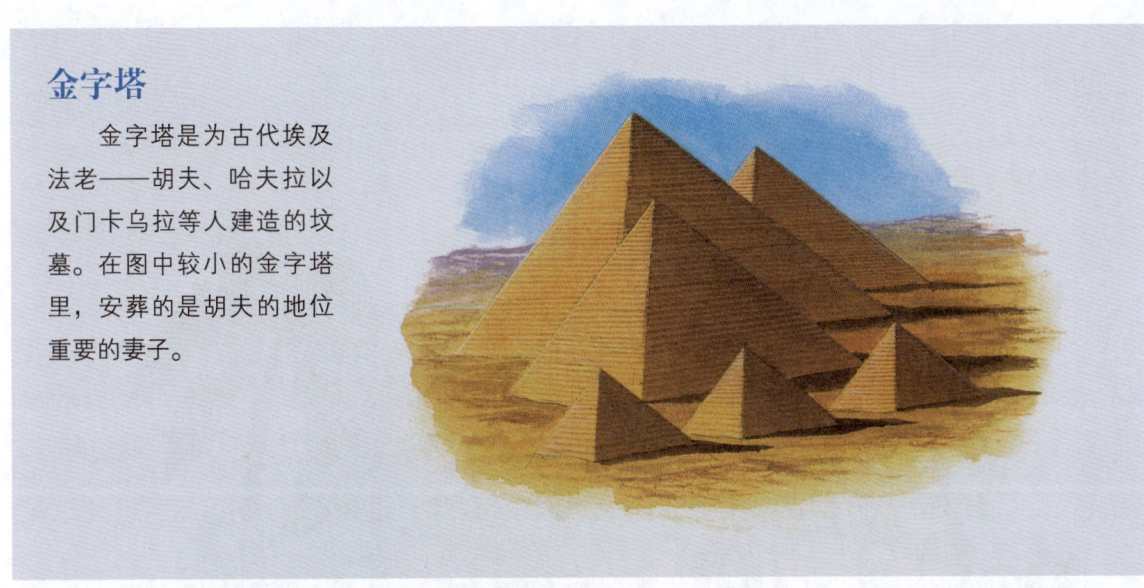

金字塔

金字塔是为古代埃及法老——胡夫、哈夫拉以及门卡乌拉等人建造的坟墓。在图中较小的金字塔里，安葬的是胡夫的地位重要的妻子。

哈夫拉金字塔和门卡乌拉金字塔是最古老的金字塔，它们大约建于公元前3000年。胡夫金字塔是它们当中最大的，它原高约146.5米，因顶端剥落，现在的高度为约136.5米。它的底座成正方形，底边原长约230米，后来由于塔外层石灰石脱落，现在底边减短为约227米，整座金字塔中共有230万块巨石。这座巨大的胡夫金字塔也被人们称为大金字塔。

巴比伦空中花园

另一个奇迹是位于中东地区的巴比伦空中花园，不过，它早已不存在了。这座宏伟的建筑物曾经装饰着位于幼发拉底河流域的巴比伦帝国的都城（也就是现在的伊拉克地区）。它是由古巴比伦国王尼布甲尼撒二世在公元前6世纪建造的。尼布甲尼撒二世为了安慰思乡的王妃安美依迪丝，仿照她的故居兴建了这座花园。由于她的故居在山上，所以这座花园没有建在地面上，而是建在了距离地面25米的梯形高台上，高台分为好多层，在每一层的台上都种植了柏树和散发芳香的植物，制造出一种郁郁葱葱的绿色环境，避免外部灼热阳光的照射。为了让这些植物存活，工匠们将幼发拉底河的水抽上来，并通过密集的管道，把水分配到每一层台上。

通过高达15米的伊斯塔城门，可以进入巴比伦这座美丽壮观的城市。伊斯塔城门是用光滑的、闪闪发光的蓝色瓷砖装饰的，门上雕刻着瑞兽的图案。进入城门，一条宽阔的大路直接通向91米高的金字形神塔，在金字形神塔的顶部建有马杜克神殿，马杜克是这座城市的守护神。在这座有20万居民的伟大城市的周围是长17千米、高5米的城墙。相比于"空中花园"，有时

巴比伦空中花园

这座绿色的"空中花园"位于灼热的巴比伦中心地带，它是古巴比伦国王尼布甲尼撒二世为他的妻子安美依迪丝建造的。

宙斯神像

12米高的宙斯神像矗立在奥林匹亚的一座雄伟的神殿内部。当时，每年都有许多人前来观看并且朝拜它。

候人们会把这些城墙看作是世界上的第二大奇迹。现在，我们还能见到这些城墙的遗迹。

宙斯神像

古代的旅行家们为了观看世界第三大奇迹，就来到希腊的奥林匹亚。宙斯是希腊神话中的主神，为了表示对他的崇拜，人们以他的名义建造了神殿，并在神殿里建了巨大的宙斯神像。这座宙斯神像是坐在宝座上的，但仍然有12米高，它是由希腊雕刻家菲迪亚斯在公元前457年雕刻完成的。雅典帕台农神庙中的雕塑也是由菲迪亚斯雕刻的。

希腊人在这件雕塑上不惜重金。神像的

身体是用象牙雕刻的，长袍、头发和胡须是用黄金制作的，眼睛是闪闪发光的宝石。它的宝座也非常华丽，是由镶着宝石、象牙以及金黄的有香味的雪松木和坚固的黑色乌木制成的。神像的左手拿着一支顶部装饰着鹰的权杖，右手握着用象牙和黄金制成的胜利女神雕像。

宙斯神像虽然非常巨大，但是，它最终还是从这个世界上消失了。394年，它可能被狄奥多西大帝带到了拜占庭帝国的首都君士坦丁堡。历史学家们认为，大约在462年，它被一场大火烧毁。

阿耳忒弥斯神庙

第四大奇迹也在希腊。阿耳忒弥斯神庙是希腊古城以弗所的光荣，它位于小亚细亚的西海岸（现在的土耳其西南地区）。阿耳忒弥斯是宙斯的女儿，希腊的月亮女神和

▲ 这是菲迪亚斯的头像，他是雅典人，并且是古希腊最伟大的雕刻家。菲迪亚斯参与制作了七大奇迹中的两个——奥林匹亚的宙斯神像和以弗所的阿耳忒弥斯神庙。

阿耳忒弥斯神庙

巨大的阿耳忒弥斯神庙位于希腊的海岸城市以弗所，它曾被重建过好几次。在神庙内部的雕塑中，有装饰华丽的阿耳忒弥斯的雕像。

大开眼界

巨大的自由女神像

守卫在美国纽约港入口的自由女神雕像建于19世纪晚期,它的建造方式与罗得岛巨人像很相似。它也有一个空心的金属框架,并且在金属框架的外面覆盖着另一种较亮的金属片。不过,自由女神像的金属框架是由钢柱加固的,而"钢"是一种古代人根本就不知道的金属。此外,自由女神像的表面金属是铜,而不是青铜。

狩猎女神。这座纪念阿耳忒弥斯的神庙于公元前6世纪被建成。建造这座新的神庙所需要的经费,大部分是由非常富有的克罗伊斯国王提供的。历史学家之所以知道这些,是因为国王的这一善行被记录在了神庙的一些支柱的底部,历史学家在神庙遗址中发现了这些记录。

阿耳忒弥斯神庙非常大。它宽约55米,长约115米,并且由127根巨大的支柱支撑着18米高的屋顶。神庙内部装饰着由菲迪亚斯和另一位杰出的希腊艺术家普拉克西特利斯雕刻的雕刻品。神庙的圣殿内安置着装饰华丽的阿耳忒弥斯的雕像。

公元前356年,这座神庙被人故意烧毁了。不过,大约20年后,伟大的征服者亚历山大三世下令重建这座神庙。这项工程大约在公元前250年最终完工,不久之后安提帕特就将这座新的神庙列为"世界七大奇迹"之一。这座建筑存在了500多年,最终,大约在236年被入侵的哥特人毁坏了,直到1869年才被发现。

摩索拉斯陵墓

现在,任何大型的、华丽的坟墓都可以被称作"陵墓"。世界第五大奇迹是摩索拉斯陵墓。公元前353年,小亚细亚加里亚王国的国王摩索拉斯在自己去世之前下令修建这座陵墓。不过,这座陵墓是在他去世4年后,由他的王后阿耳忒弥西亚二世监督建造完成的。她选择了两位希腊建筑师来负责建造这座陵墓,并选择最好的艺术家为它装饰,包括著名的希腊雕刻家斯科帕斯。整个大理石陵墓大约高45米,耸立在哈利卡纳苏(希腊古城)的中心,人们在周围几英里外的地方就可以看到它。陵墓的顶部是约3米高的摩索拉斯和阿耳忒弥西亚二世乘坐战车的雕像。

这座陵墓存在了几百年,最后在14世纪晚期或15世纪初倒塌了(可能是由地震造成的)。1522年,这座陵墓的一些石头被用于扩建位于土耳其柏顿市的圣约翰骑士城堡。陵墓中的13段壁缘也被用来装饰这座城堡的墙壁。不过,在19世纪中期,这些壁缘被发掘了摩索拉斯陵墓的考古学家查尔斯·牛顿迁到伦敦的大英博物馆里。从1966年到1977年,丹麦考古学家对这座陵墓做了进一步的发掘工作,揭示出这座陵墓更多的内幕。这支丹麦考古队还发现了各种各样的陵墓中的雕刻品的碎片,包括陵墓顶部的战车碎片。

摩索拉斯陵墓

摩索拉斯陵墓是为了安放卡里亚国王摩索拉斯的遗体而建造的。现在的土耳其柏顿市就是在摩索拉斯陵墓的遗址上建立的，在位于其海港的圣约翰骑士城堡中，至今仍然有从古老的摩索拉斯陵墓废墟中取来的石头。

罗得岛巨人像

巨大的罗得岛巨人像是世界第六大奇迹，它是太阳神赫利俄斯的一座雕像。这座雕像矗立在罗得岛上的主要海港——罗得港的入口处。太阳神赫利俄斯是这个岛的守护神。公元前304年，罗得岛人与希腊人进行了一场海战并且取得了胜利，为了纪念这次胜利，罗得岛人建造了这座巨人像。他们用战败的希腊人留下的所有青铜以及铁制武器建造了这座雕像，并且将希腊人丢弃的船只卖掉，来资助这座雕像的建造。

这座巨人雕像由雕刻家卡雷斯设计，并且由他监督建造。由于与雕像有关的任何碎片都没有留下，所以历史学家们只能根据古代作家们（如普林尼）的文献记录来得知它的结构。这座

罗得岛巨人像

罗得岛巨人像是太阳神赫利俄斯的一座巨大雕像,它曾经屹立在罗得港的入口处。它的头部环绕着由青铜制成的光环,这个光环被设计成了放射的太阳光线的形状。虽然这座雕像非常壮观,但是,它还是在建成后不到60年就倒塌了。

雕像的基本形状似乎是由空心铁框架构成的,为了确保雕像的稳定,在铁框架的里边放入了石块。雕像的顶部是用青铜薄片打制而成的。这座雕像大约在公元前280年建成,高度超过30米,矗立在港口边,一只胳膊向上伸着。

公元前226年,罗得岛发生了地震,这座巨人雕像倒在了地上。人们没有尝试将它恢复原样,而是让这座辉煌的太阳神雕像倒在那里慢慢地被毁坏。654年,入侵罗得岛的阿拉伯士兵将倒在地上的雕像上的青铜剥掉,并将这些金属带回了叙利亚。据说,这些青铜都被一个商人买走了,并且被熔化了。自此以后,出现了很多关于这座雕像的传闻,传闻说原来的铁框架被找到了,当然,这些传闻都是假的。不过,这座巨人雕像确实给我们留下了一个东西,那就是英文单词"colossos",它来源于巨人雕像的名字,意思是"巨大的"。

亚历山大灯塔

第七个,也是最后一个奇迹是亚历山大灯塔,这座灯塔位于埃及亚历山大港附近的法洛斯岛上。灯塔顶部的火持续地燃烧着,引导着船只进入港口。这座灯塔的高度为122米,这个高度足以使海上的船员即使在很远的地方也能看见。古代作家约瑟夫斯声称,这座灯塔在68千米外都能被看到。不过,这并不仅仅是因为灯塔的高度,还因为有一面巨大的镜子将灯塔顶部的火光反射到了海面上。

这座灯塔是亚历山大的统治者托勒密二世下令建造的,并由建筑师索斯查图斯设计。它大约在公元前280年被建成。灯塔的主要结构是大理石和花岗岩,顶部是希腊海神波塞冬的雕像。通过灯塔内部一个巨大的螺旋形坡道,人们可以到达灯塔的顶部,同时,人们还能通过这个坡道进入灯塔边缘周围的几层房间。这些房间曾经供天文学家们使用,因为在这个高高的灯塔上能够更好地观测天空。

几百年来,这座灯塔一直是海员们的重要路标。大约在793年,因为强风或者地震,它受到了某种程度的损坏。然而，这座灯塔彻底被毁坏却是由于14世纪的那场地震。1480年，马穆鲁克苏丹卡特巴在这座灯塔的遗址上为自己建造了一座城堡，并以自己的名字"卡特巴"为这座城堡命名。1995年，潜水员在亚历山大港外的海中发现了大约20块巨大的花岗岩石块。专家们认为，这些花岗岩石块可能就是灯塔上的部分石块。

亚历山大灯塔

亚历山大灯塔是一座为进入繁忙的埃及亚历山大港的船只导航的灯塔。灯塔顶部的光是由火产生的，这些火光通过一面巨大的镜子被反射到海面上。制造这些火光的燃料是通过灯塔内部的一个螺旋形的坡道运送上去的。

◀ 此图是现在的埃及亚历山大城的景象，亚历山大灯塔曾经矗立在这里。在防波堤的下半部分我们可以看到建立在灯塔废墟上的卡特巴城堡。

世界公路交通

公路能把我们送到任何一个地方。今天的公路都是用心设计出来的，能够承受繁重的现代化交通。但是仅仅在150年前，公路交通仍然是由马拉车、骑马者和步行者组成的，大多数公路比泥泞的乡间小路好不到哪儿去。

几个世纪以来，公路交通的发展一直与车辆的发展和改进紧密相连。在第一批利用工程技术修建的公路中，有长达8万千米的路是由罗马人修建的。罗马人有一个庞大的帝国，从现在的英国北部地区一直到叙利亚，都曾是罗马帝国的领土。为了把军队和装备迅速地运送到帝国各处，罗马人需要高质量的道路。与那些在乡村和山脉之间延伸的小路不同，罗马人修建的道路都是笔直的，而且质量很好。他们修建的是宽阔的马车道，路面上铺着平整的石块。马路的中间比两边高，这样马路上的雨水就可以流入两侧的排水沟中。一些古罗马的马路，比如意大利的亚壁古道，今天仍在使用。

重新修建

罗马帝国衰落后，横贯欧洲的这些道路就得不到很好的修缮了。货物是用马驮着，沿着留有车辙的泥泞道路运输的，人们要么步行，要么骑在马背上或者坐轿子。

到了18世纪晚期，人口迅速增长，农业和工业的进步使流通的商品越来越多，于是，修建更好的道路迫在眉睫。修路人面临两个问题：一是如何建造坚固的、承重能力强的道路；二是如何筹集资金。

19世纪早期，两名英国工程师找到了更好的筑路技术。托马斯·特尔福德引进了块石基层法——路的底下是一层大石，上面是一层较小的石头，再上面是砂砾。约翰·麦克亚当则发明了不会渗透雨水的碎石路面。

修路的资金问题是通过征收通行税解决的。在英国，企业借钱修路，再对过路车辆征收通行税，用这笔税款来还债。今天，修路经费主要是由政府支出的，但是在一些国家和地区，为了保障公路、隧道和桥梁的维护费用，也要征收通行税。

公共交通

由托马斯·特尔福德和约翰·麦克亚当发展起来的新型修路技术，带来了公共马车的全盛时期。在1820—1850年间，公共马车是最流行的公共交通工具。四轮马车会在途中的驿站停下来，在那里换马，并让乘客下车透透气。一辆公共马车可以搭载好几名乘客，以及他们的全部行李。好的道路使一些公共马车的行驶时间缩短了80%。

在铁路作为一种更廉价的公共交通形式取代马车之前，人们曾经尝试推广能够运载大量乘客的蒸汽动力车。但是它们很快就被铁路公司"踢"下了历史舞台。

▼ 德国的高速公路系统始建于20世纪30年代。与法国、意大利和英国不同，传统的德国高速公路没有速度限制。

公路的发展历程

担架　牛车　罗马战车　运货的马　农用马车　轿子　邮政马车　公共马车　马拉的公交车　轻便的双轮马车　出租马车

古罗马的公路
罗马人曾经修建了长达8万千米的马路，以使帝国内部的交通更为便利。除了用于体育比赛和打仗的两轮战车，罗马人还通过对凯尔特人发明的四轮车进行改良，从而发明了便于操纵的四轮马车。

泥泞的小路
在车轮被发明以前，人们用担架拉着货物在泥泞的小路上行走。第一条人工铺成的路面大约是在3200年前，在美索不达米亚出现的。在这种道路上行驶的车辆是慢吞吞的牛车，车轮是木制的。今天，在印度的一些地区，仍然能够看到类似的牛车。

中世纪的公路
在罗马帝国衰落后，人们又开始靠轿子、马背或者双脚进行旅行。有一些农民用巨大的、笨重的马车把货物运到市场上去。可以想象，这种大马车一定非常不方便。

19世纪的公路
公共马车的黄金时期是19世纪20年代到50年代。当时，公路是用碎石铺成的，铁路还没有成为主流的交通方式。在19世纪的路面上，还行驶着邮政马车、出租马车、马拉公交车和轻便的双轮马车。

你知道吗?

道路先驱

碎石路面是英国工程师约翰·麦克亚当（1756—1836年）发明的，他是一位筑路先驱，他发明的筑路技术至今仍然在全世界被广泛运用。他在石头路基上，依次铺上一层小石头、沙子和沙砾。车辆在路面上行驶时，就会把路面碾压得光滑平整。后来，当橡胶轮胎出现后，人们又在砂砾中混入了沥青，这就是沥青碎石路面。

今天，修建高速公路的材料除了取决于将要通行的车辆的重量外，还受当地气候的影响。例如，在沙特阿拉伯，路面必须保证在54℃的高温下不会熔化；而在挪威，路面必须能够经受－45℃的冰冻。

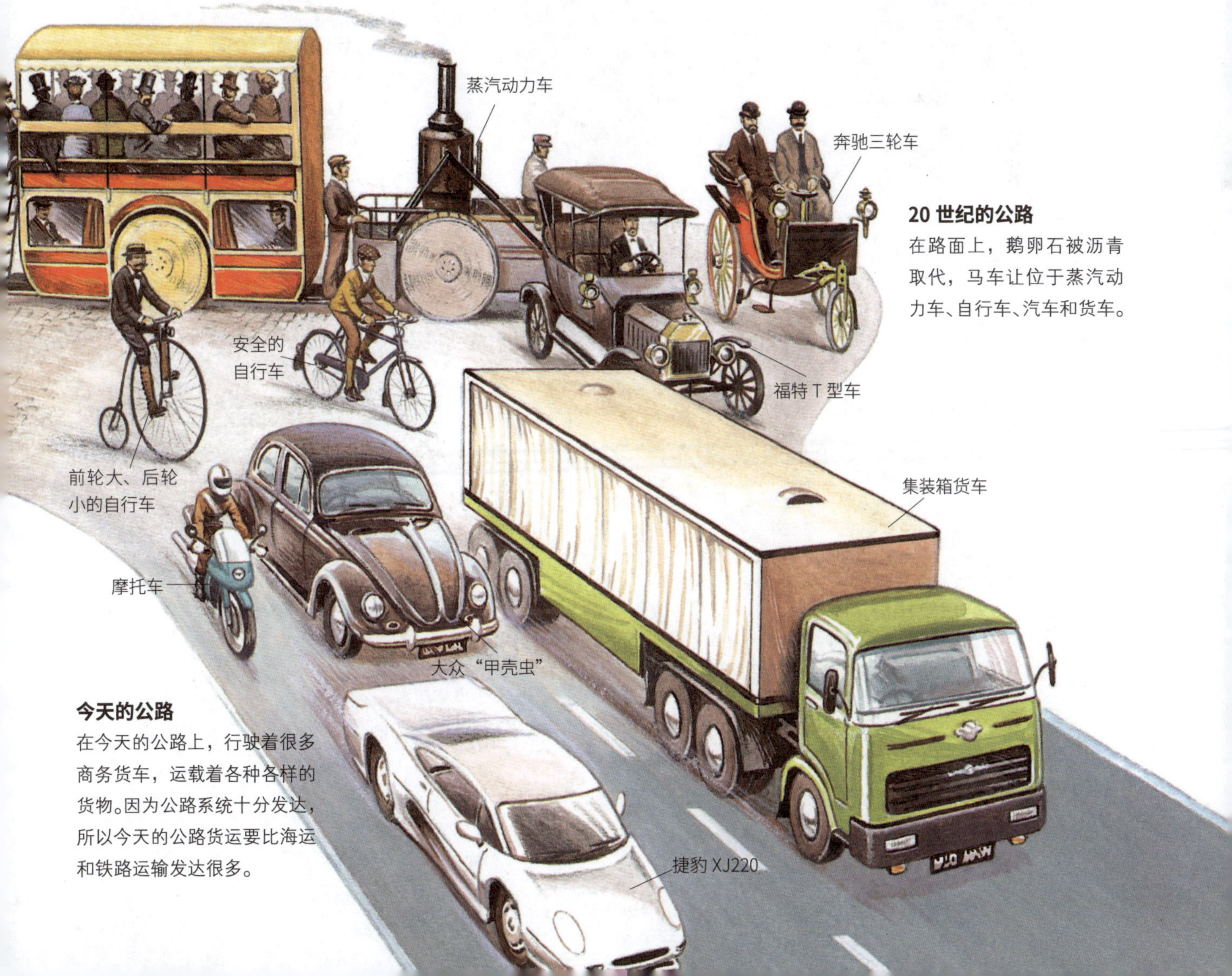

20 世纪的公路
在路面上，鹅卵石被沥青取代，马车让位于蒸汽动力车、自行车、汽车和货车。

蒸汽动力车
奔驰三轮车
安全的自行车
福特 T 型车
前轮大、后轮小的自行车
集装箱货车
摩托车
大众"甲壳虫"
捷豹 XJ220

今天的公路
在今天的公路上，行驶着很多商务货车，运载着各种各样的货物。因为公路系统十分发达，所以今天的公路货运要比海运和铁路运输发达很多。

车轮的历史

车轮曾经是用木头制成的。今天，它们可以用各种不同的材料制成，包括钢、铝合金和塑料。使用哪种材料取决于它们将要执行的任务。

车轮出现之前
人们把树干当滚轴来移动重物。这种方法的缺点是，必须有人不断地捡起后面的滚轴，把它们放到前面。

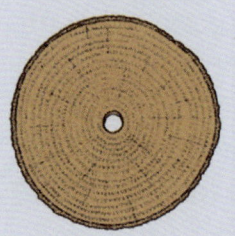

树桩
第一个车轮可能是一截树桩。树桩中心有一个洞，可以穿过一根棍子（也就是"轴"）。

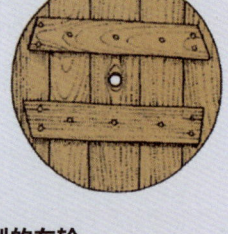

大型的车轮
较大的轮子是由几块较窄的厚木板拼接起来的。

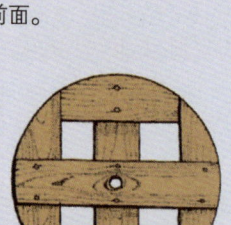

巨大的进步
把中间的几块木板去掉，意味着轮子更轻了，但是一样坚固。

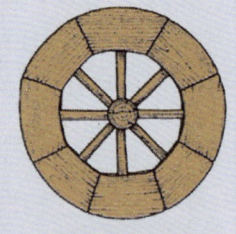

轮辐的出现
接下来，人们开始用条状的轮辐，将独立的轮圈与车轮的中心连接起来。

重金属
随着工业革命的到来，人们开始用钢制作车轮。它们很坚固，但是韧性不够，轮辐很容易折断。

金属镶边
这种车轮的轮圈仍然是木制的，但是整圈都用钢片固定住了，从而变得更加坚固。

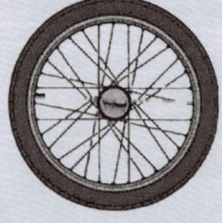

舒适的"垫子"
轮辐是用金属丝做成的，这样可以使轮子更轻，也更坚固。轮圈外面是橡胶轮胎，它使轮子非常柔软。充气轮胎使车轮更加舒适。

有一种马拉的大型公交车,能够搭载 22 名乘客,它们是 19 世纪 20 年代在巴黎兴起的,并迅速在许多大城市里流行起来,直到被汽油驱动的公共汽车所取代。第一辆双层公共汽车是在 1904 年出现的,到了第一次世界大战期间(1914—1918 年),它们取代了大部分马拉车。充气轮胎和柴油机降低了公共汽车的运行成本,汽车开始成为持久稳定的公共交通工具。

自行车和汽车

1885 年,"安全的"自行车出现了。它的前后两个轮子大小一样,通过一条驱动链把脚踏板和后轮连在一起,它的轮胎是实心的橡胶。1888 年,充气轮胎出现了,自行车迅速成为人们上下班的主要交通工具,开始在欧洲和北美洲流行起来。

19 世纪 80 年代,另一项伟大的进步是汽车的出现。戈特利布·戴姆勒发明了以汽油为燃料的内燃机,而卡尔·本茨制造出第一辆实用的汽车。到了 19 世纪 90 年代,汽车工业在国际范围内发展起来,步入 20 世纪以后,汽车已经变得非常普及了。美国的福特公司、英国的莫里

▲ 这是对于路面空间的竞争。在 20 世纪 20 年代,伦敦的路面上行驶着各种各样的交通工具——小型货车、私人汽车、出租车、马拉车辆、自行车和有轨电车。

斯公司和奥斯汀公司都制造了大量物美价廉的汽车。

自行车和汽车都需要平滑的路面。早期汽车的实心橡胶轮胎在石头路面上飞驰，导致尘土飞扬。因此，人们决定在碎石路上再铺上一层沥青——这种"柏油路"至今仍然在广泛使用。

在19世纪60年代的苏格兰，一套修建重型交通路面的体系发展起来。混凝土被浇盖在了用碎石和水泥打成的路基上。沥青则被用来填补板层之间的缝隙，同时还可以起到防水的作用。对于那些交通流量大的道路，路基厚达1米，这可以把重量分散在更大的面积上。

高速公路

在20世纪，汽车的重量和速度都稳步增大和上升，所以，人们需要更好的道路。这导致了建造高速公路的狂潮。

这些高速公路在每一个方向上都有数条车道，没有特别急的弯角，没有陡坡，没有十字路口，也没有环形路线。因此，汽车能以非常快的速度行驶很长的距离。高速公路的入口和出口只设在一些特殊的路口，这样，车辆的出入就不会影响车流的速度。

修建一条高速公路需要进行地面勘查、空中拍摄，并综合考虑公路上将要通行的车辆的类型、重量和用途，然后再进行高精度的规划和严格的操作控制。同时，对环境的破坏、对生活在附近的人们的妨碍以及费用问题都要被纳入考虑范围。

公路货运

现在，高质量的公路意味着公路可以比铁路承载更大的货运量。货车的大小不同，既有小型的邮政车、小卡车，也有能装载各种货物的大型货车，这些大货车装载的货物包括混凝土、化学药品、冷藏食品、军用设备以及集装箱等。有一些大货车重达40吨，它们由柴油发动机提供动力，并拥有16个前向传动装置。

世界航空运输

20世纪航空运输的迅猛发展似乎使这个世界变小了,那些遥远而神秘的地方,现在也触手可及了。现在,我们乘坐飞机几乎没有在三天以内到达不了的地方。

人们一直梦想着飞翔。18世纪,有人用热气球做成了第一个成功的飞行器,但人类第一次成功地驾驶航行器飞行却是在1852年,亨利·吉法尔(Henri Giffard)制作了蒸汽动力飞艇。

在航空运输的早期阶段,发明者们集中精力研制比空气轻的飞行器(他们认为只有比空气轻才能飞)。第一次有偿载客服务使用的是飞艇,当时也只是往返于英吉利海峡。20世纪30年代,因为一系列可怕的事故,这种飞行器退出了历史舞台。

第一架成功飞行的比空气重的飞行器,是由美国的威尔伯·莱特和奥维尔·莱特发明的。

▲ 这是早期的英国客机,皇家航空公司的"德·哈维兰"66巨型客机。乘客们为了保暖,蜷缩在毛毯里。他们还要把邮件袋放在膝盖上,但当时坐飞机仍然是有钱人才能尝试的冒险活动。

▲ 从北卡罗来纳州的基蒂·霍克附近的沙山起飞,莱特兄弟第一次完善了双翼滑翔机。后来,他们又增加了四缸式的汽油活塞发动机,第一次实现了比空气重的飞机的动力飞行。

大型喷气式客机

波音747-400是大型喷气式客机,能够载客400人,能以940千米/小时的速度飞行1.28万千米。在13或14个小时内不间断飞行,已成为衡量现代客机的标准。

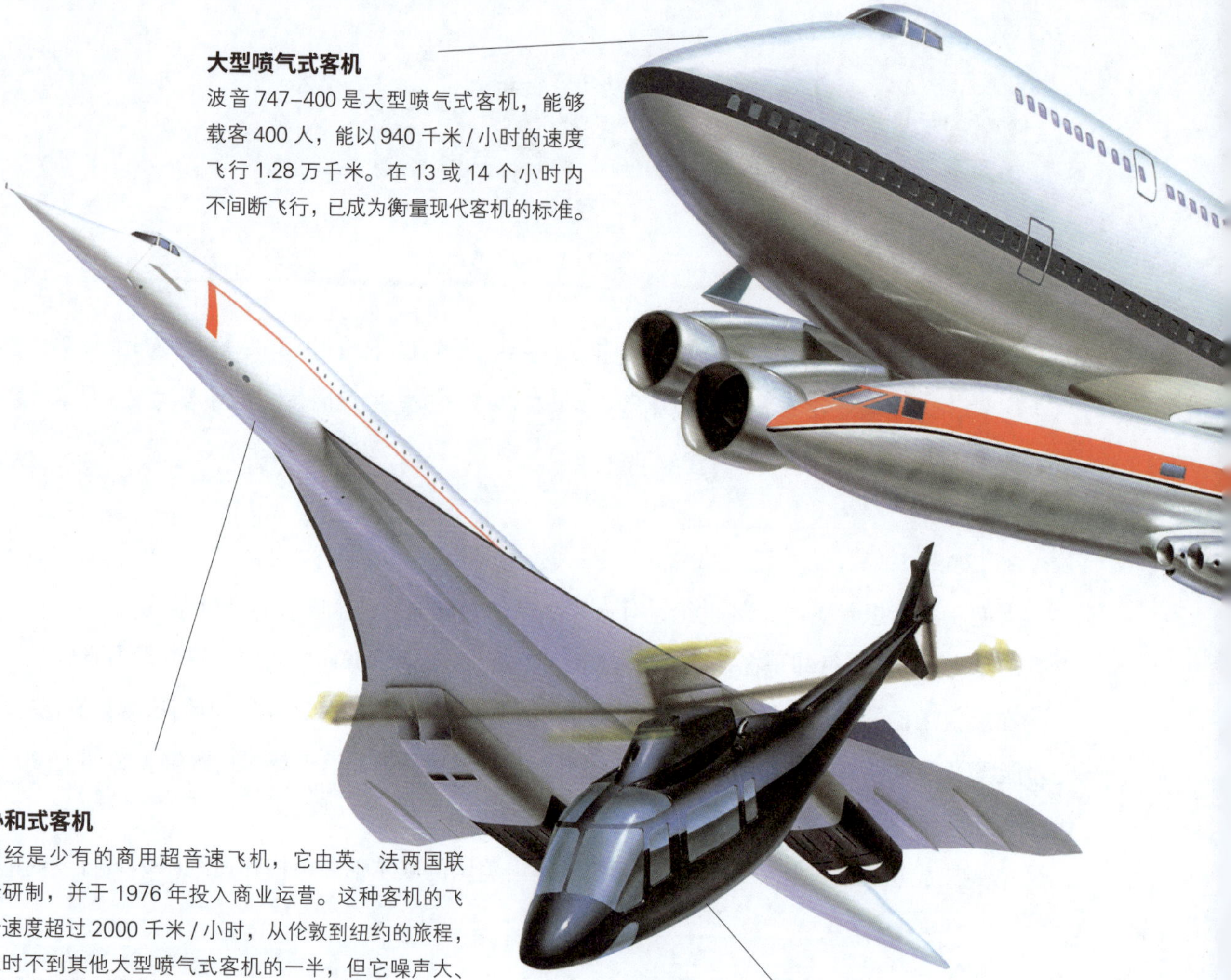

协和式客机

曾经是少有的商用超音速飞机,它由英、法两国联合研制,并于1976年投入商业运营。这种客机的飞行速度超过2000千米/小时,从伦敦到纽约的旅程,耗时不到其他大型喷气式客机的一半,但它噪声大、航程短、最大载客量仅为140人。2003年4月全球20架协和式客机全部退役。

直升机

第一架直升机福克Fa61是1937年在德国发明的。它比一般的飞机更灵活,因为它们不需要跑道。直升机用于军队、警察、海岸警卫队和救援服务,当然也可以满足民用航空飞行的需要。

大开眼界

航天飞机

航天飞机是可重复使用的、往返于太空和地面之间的航天器,结合了飞机与航天器的性质。它既能像运载火箭一样把人造卫星等大量载荷送入太空,也能像载人飞船那样在轨道上运行,还能像飞机那样在大气层中滑翔着陆。

蒙戈尔费埃热气球

1783年11月21日,罗齐尔和达尔朗德登上了蒙戈尔费埃热气球,在巴黎上空飘行。

飞机的进步

1783 年，法国蒙戈尔费埃兄弟发明的热气球升上天空。虽然里面仅装着一只小绵羊、一只鸭子和一只公鸡，但人类航空运输史上却出现了让人难以置信的发展。我们能够以音速的两倍左右的速度，从伦敦飞到纽约；还可以直接从意大利飞到澳大利亚；乘坐直升机避免了交通拥堵。我们还可以坐在一个现代热气球里平缓地飘行在村庄上空。

海因克尔 He-178
1939 年 8 月 27 日，德国单座飞机 He-178 成为世界上第一架单纯依靠涡轮喷气动力来飞行的飞机。它在海平面上的最大速度可达 700 千米/小时。

"德·哈维兰彗星"号
这是第一架喷气式客机，在 1952 年研制成功，可以载客 60 人，飞行速度是 800 千米/小时。

波音 314
1938 年 6 月 7 日，波音 314 飞机首次试飞。它是当时最大的民用客机。白天它可以运载 70 名乘客，晚上可以运载 40 名需要在飞机上睡觉的乘客。

索普维斯骆驼机
第一次世界大战中，最著名的英国战斗机就是这种双翼飞机。全世界大约生产了 5500 架骆驼机，在战斗中共击落了近 1300 架敌机。

吉法尔的飞艇
亨利·吉法尔的飞艇，由蒸汽机提供动力。这是人类第一次成功的可控动力飞行。1852 年 9 月 24 日，吉法尔从巴黎飞到特拉帕，飞行了大约 30 千米，最大速度约 8 千米/小时。

李林塔尔的滑翔机
德国人奥托·李林塔尔在 19 世纪 90 年代制造了一系列滑翔机，并成功地完成了一些可以控制的飞行。

▲ 2005年1月18日，全球最大的喷气式客机——空中客车A380在法国出厂。它长约73米，翼展宽约79.8米，高约24.1米，最大起飞重量超550吨，最多可承载850名乘客，远远超过波音747。A380安装了最先进的发动机，并广泛使用复合材料，使它飞行起来更安静、更节能。

他们成功制造了一架双翼滑翔机。这架双翼滑翔机可以通过摆动机翼和扭转方向舵来进行平衡和控制，通过横尾翼（升降梯）的移动上升和下降。后来，莱特兄弟又在飞机上添加了四个气缸的汽油发动机。

1903年12月17日，奥维尔俯卧在飞行的滑翔机中，威尔伯则跟着滑翔机奔跑，飞机在12秒内，在3米的高度上，成功地飞行了36米。紧接着，他们又试着让飞机在空中停留了59秒。飞机制造就这样开始起步了。

从螺旋推进器到喷气发动机

20世纪30年代，大多数飞机还都是双翼飞机，也就是在机身的两侧有两组机翼。这是因为在机翼之间的支柱使它们比早期的单翼机更加坚固。当时，所有的飞机都是由螺旋推进器驱动的，无论是后驱式的"推力"，还是前驱式的"拖力"。

在第一次世界大战期间，飞机设计获得了巨大突破。这时，飞机被用于侦察、轰炸和作战。发动机的效率稳步提高，一些飞机的速度达到了320千米/小时。在这种速度下，流线型（可以减少空气阻力）的机身越来越重要，单翼机开始取代双翼机。1919年，德国容克公司率先生产内部全由金属支撑的单翼飞机，并在1932年生产出著名的容克52（Ju52）飞机。直到20世纪30年代中期，由轻型金属制作的机身才被广泛应用。

新时代的开始

1939年，第一架喷气式飞机海因克尔He-178面世，开创了航空史上的新纪元。1941年，英国格罗斯特公司制造的第一架喷气式飞机 E28/39 开始飞行；第二次世界大战（1939—1945 年）结束时，和当时德国梅塞施密特（Messerschmitt）领导设计的 Me-262 战斗机一样，装有双喷气发动机的"流星"战斗机在英国投入使用。

正式载客航空服务最早始于第一次世界大战，同时还运输邮件、货物等。由于飞机上不保暖，在未加压的机舱里，乘客们坐在没有固定的柳条椅上，身上裹着毯子，而邮件包裹就放在他们的膝盖上。

▲ 这是1892—1893年，法国马克辛的飞机工程项目。大多数的早期飞行器，都注定了要失败，因为笨重的蒸汽发动机不能产生足够的动力，甚至无法独立离开地面，更不用说再加上飞机和飞行员的重量了。

尽管这样很不舒服，但是坐飞机还是在有钱人中流行起来。20 世纪 20 年代，几家英国公司联合组成了皇家航空公司，到了 1931 年，他们开始运行由汉德利·佩季（Handley Page）设计的双翼飞机，它的最高速度是 160 千米/小时，能载 40 多名乘客。

在政府的支持下，其他国家也建立了航空公司。例如，荷兰建立了 KLM（荷兰皇家航空公司），德国成立了汉莎航空公司，它们分别使用福克和容克飞机。在美国，泛美航空公司于 1935 年开通了太平洋航线，1939 年又开通了大西洋航线。飞机被大范围地用于运输越洋乘客和邮件服务。

你知道吗？

从百万到 10 亿

燃料成本、飞机的制造和改进成本，以及严格的安全规则，都使航空运输的开销更大。但是，便利和速度却使它在远距离旅行中成为最流行的方式。1935 年，只有 460 万人可以体验这种预定飞行；但在 1993 年，仅美国就有 4.5 亿人在国内出行中也选择飞机。全世界固定航班的飞行距离已超过 1.5 万亿千米。现在，全世界约有 10 亿人在外出旅游及商务行程中，首选的交通工具就是飞机。

1933 年，美国飞机制造商波音公司，生产了一种低翼、全金属的单翼飞机——波音 247，它成为现代客机的先驱。它能运载 10 名乘客，能以 247 千米/小时的速度飞行 1200 千米。但它很快就被道格拉斯 DC-2 和更成功的 DC-3 型飞机取代。

第二次世界大战使飞机的大小、重量和动力系统都得到了巨大改进。大型飞机能以每小时 720 千米的速度不间断地飞行 3000 千米。随着民用航空事业的发展，1952 年，第一架民用喷气式飞机——"德·哈维兰彗星"号被研制出来，接着是波音 707、道格拉斯 DC-8 和英国 VC-10 型飞机。

1970年，波音747飞机的出现，为民用航空运输事业带来了真正的革命。作为大型喷气式客机，它的机身宽达6米，是以往任何喷气式客机的两倍。它的最大载客量为500人。它的扇涡轮发动机可以节约一半的燃料，飞行速度高达1000千米/小时。

低廉的成本意味着大众空中旅行成为现实。今天，技术的发展为飞机节省了燃料消耗，并扩大了飞行范围。波音747–400、波音767ER、波音777以及欧洲的空中客车340，都可以飞行1.3万多千米的距离，而不需要燃料补给。

帆船时代的海上交通

古代埃及人是世界上为人所知的最早的水手。早在 5000 多年前,他们就使用单桅帆船在尼罗河上运载货物和战士。从那时起直到进入蒸汽时代,商船和战舰一直依靠帆的力量航行。

战争和贸易是推动船舶发展的主要力量。为了作战,腓尼基人、希腊人和罗马人使用狭窄的、靠桨划行的狭长船,船上带着两三队划桨手。然而,他们沉重笨拙的货船则建有更宽的底部,除了桨,还装载着巨大的横帆。

在中世纪的早期,维京人把航海变成了一门艺术。他们用于航海或比赛的工艺华美的长船,能够进行海上长途航行。维京人可能在哥伦布之前 500 年就抵达了美洲。但是这些船的重量仍然很轻,它们可以在陆地上被拖曳、运送到不同的河流里。

中世纪后期帆船技术经历了巨大的进步。船尾舵的发明使掌舵变得更加容易,人们可以建造更大更结实的船了。中世纪经典的货船是单桅、横帆的小船,船的两头都建有"船楼"(船首

▲ "五月花"号是一艘 17 世纪早期典型的商船。它只有 27 米长,能够运送 100 名乘客和 48 名船员。

▲ 图中这艘装有 100 门火炮的一级战舰"胜利"号,是 1792—1815 年的英法战争中尼尔森勋爵的旗舰。

楼和船尾楼），可以用于作战。

在 15 世纪和 16 世纪，小船被大帆船和小吨位轻快帆船所取代。帆装（桅杆和帆的组装方式）发生了戏剧性的变化，在中心桅杆上不再装配单张横帆，而是竖起了两根、三根甚至四根桅杆，然后在这些桅杆上装配一组横帆（挂在帆桁上横向张开），并且纵向安装了三角帆。这种组合使船只更容易操纵了。大帆船和小一些的小吨位轻快帆船都被用于伟大的航海探险。

17 世纪是大型横帆船的全盛时期。这些用于贸易和战争的大船有着高高的船尾楼以及一个小型船首楼，在两根前桅上装有两张或三张横帆，在后桅上装有一张或两张三角帆。船体比以往更高大、更坚固，这样才能承载不断增加的火炮重量，因为现在火炮不仅要像以前那样放置在甲板和船楼上，还要被安装在船体上。

17 世纪晚期，大型横帆船被重型战船所取

你知道吗？

左舷（port）和右舷（starboard）

在舵被发明以前（可能是在 1000 年前由中国人发明的），船一直是靠绑在船身右侧的桨来操纵的。所以在英文中，船的"右舷"（starboard）这个词是由操纵舷（steerboard）的英文演变而来的。装有操纵桨的船必须将船身的左侧停靠在码头，所以英文中的"左舷"和"码头"同形，都是"port"这个词。

▲ 从 800 年到 1070 年，维京人的长船统治着海上交通，无论在贸易中还是战争中。这种船的底部很浅，重量很轻，但是很结实，同时装备着桨和帆。

▲ 这是在格林尼治拍摄的"卡蒂萨克"号，它是英国三桅快速机帆船之一，在 19 世纪晚期被用于往家乡运送货物。依靠众多的斜线和大面积的船帆，快帆船大幅缩短了越洋航行的时间纪录。

过去到现在

小船（13世纪）
这种结实的木船由于贸易和战争的需要，在北欧被开发出来。船尾和船首高起的船楼，为士兵和水手提供了掩蔽。

大型横帆船（16世纪）
在"无敌舰队"时代，大型横帆船被英国和西班牙的舰队所使用。它们也被用来将黄金和其他掠夺来的物品从美洲运到欧洲。

三桅帆船（19世纪90年代）
三桅帆船在后面的桅杆（后桅）上采用纵向帆装，在前桅和主桅上采用横向帆装。

独桅帆船（20世纪）
独桅帆船最早是由阿拉伯人发明的，直到今天仍被用于捕鱼和沿海贸易。这种船帆的组装方式被称为三角帆装。

中国舢板（20世纪）
舢板在中国和远东各国使用了几百年。它们是平底的，在木制的船柱上安装着纵向的帆。

浮架独木舟（20世纪）
这种独木舟是在很早以前由太平洋岛屿一带的人们发明的。它们只装有一张帆，靠绑在侧面的一个小型舷外浮体来保持稳定。

代，即战舰或舰队（装载着足够的枪炮参加海战的船队）。它们根据运载的火炮数量来划分级别：载有超过100门火炮的为一级战舰；载有84～100门火炮的为二级战舰；载有70～84门火炮的为三级战舰。

19世纪晚期，帆在快帆船上度过了最后的辉煌岁月。快帆船是为速度而设计的，这些精美的横帆船上安装着一面巨大的展开的帆。它们主要运载容易变质的茶叶。在茶叶丰收后，快帆船的船长们争先恐后地赶回家乡，这样，他们的货物才能卖到最好的价钱。

18世纪末典型的东印度商船

从17世纪50年代中期到19世纪中期，雄伟的东印度商船在商业运输中占有主要地位。这些船大部分都是用橡木建造的，也有一些在东印度群岛上建造的商船使用的是柚木。它们都归英国、法国和荷兰的"东印度公司"所有。商船装载着黄金驶往东方，然后返回——有时可能要在两三年后才能返回。它们运回丝绸、香料、中国瓷器、珠宝、茶叶和咖啡等贵重货物。海盗在当时是很常见的，所以东印度商船总是全副武装，每只船都装备着50门火炮。很多商船在战争时期还被用作战船。

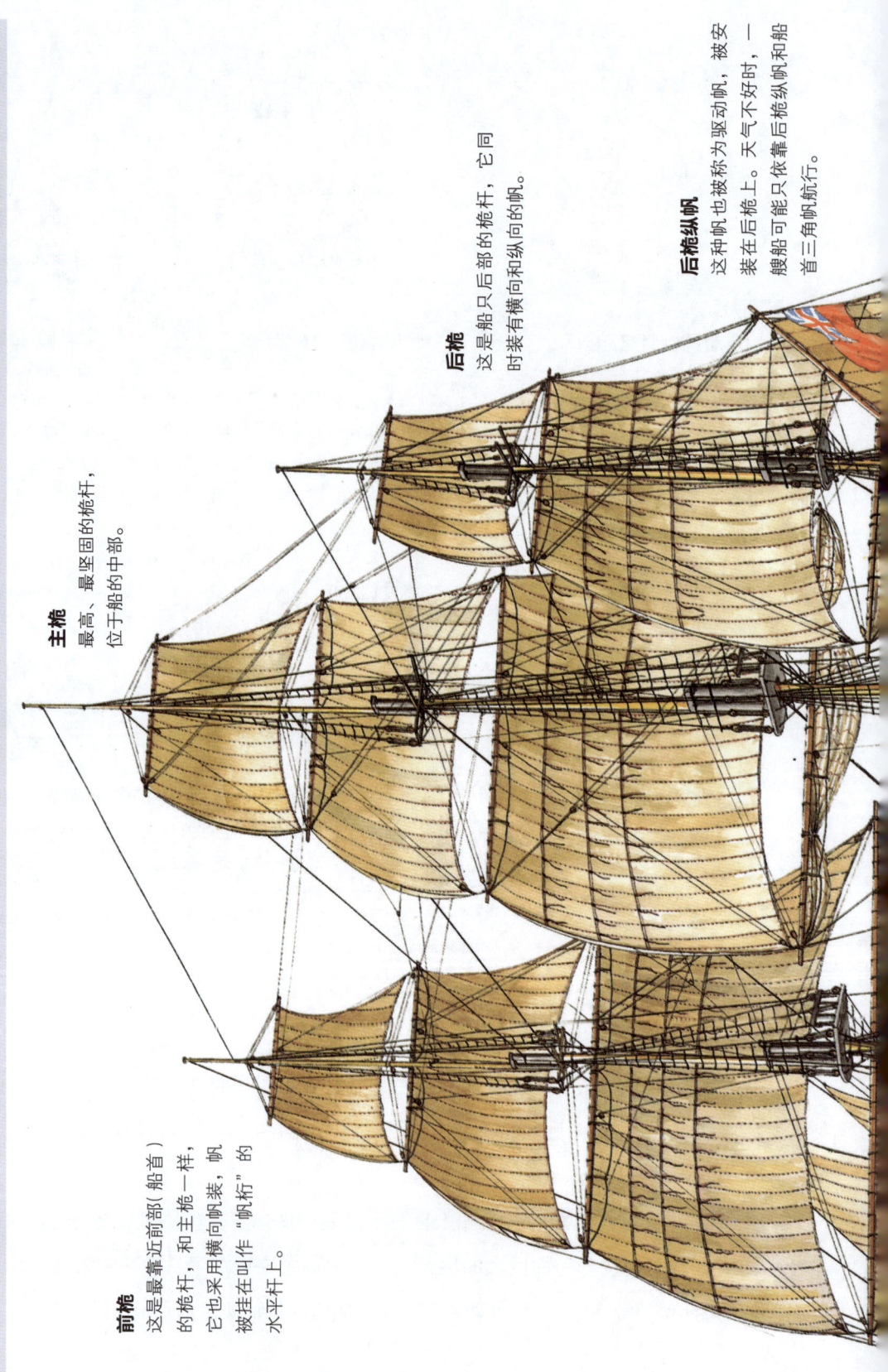

前桅
这是最靠前部（船首）的桅杆，和主桅一样，它也采用横向帆装，帆被挂在叫作"帆桁"的水平杆上。

主桅
最高、最坚固的桅杆，位于船的中部。

后桅
这是船只后部的桅杆，它同时装有横向和纵向的帆。

后桅纵帆
这种帆也被称为驱动帆，被安装在后桅上。天气不好时，一艘船可能只依靠后桅纵帆和船首三角帆航行。

帆船时代的海上交通

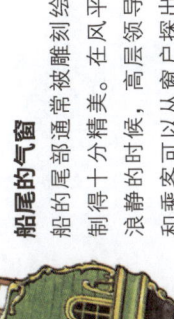

船尾的气窗
船的尾部通常被雕刻绘制得十分精美。在风平浪静的时候，高层领导和乘客可以从窗户探出身去钓鱼。

小舱室
船长和他的贵宾使用的露天舱室被称为小舱室。有时它也被用作高层领导的餐厅。

带吊床的舱室
和普通船员的住舱比起来，船尾的舱室十分豪华，它们是为船上的高层领导和重要乘客准备的。

操控火炮
东印度商船为了抵御海盗的威胁而全副武装，除了正常的水手队伍外，还常常带上几名士兵。

储货舱
在1700年，大多数东印度商船都能容纳360吨货物。到了1800年，它们经常能够运载1000多吨货物。

家畜室
被关在甲板下面的牛、猪和羊可以提供新鲜的奶和肉，鸡和羊也可以圈养在甲板上，或是养在救生艇里。

木匠的工作间
负责维护木制船体的木匠，是船队中非常重要的成员。

船首斜桅
这根桅杆突出于船首，用来安装船首三角帆。

世界铁路交通

1825年9月，当乔治·斯蒂芬森驾驶着"旅行"号蒸汽机车，载着450名乘客从斯托克顿驶向达灵顿时，一场交通革命就此展开。自从车轮被发明以来，还没有一项革新比火车带来的影响更巨大、更直接。

中世纪时，光滑平整的木质轨道遍布欧洲，矿车行驶在这样的轨道上，马就可以拉动更重的货物。18世纪，人们又发明了用来抽水的蒸汽机。而成功地把轨道和蒸汽机结合在一起的是一个名叫理查德·特里维西克的英国康沃尔郡人。他在1804年制造出第一辆蒸汽动力机车。

在产生开通铁路的想法并做了许多改进之后，1825年，斯蒂芬森在英格兰的斯托克顿和达灵顿之间开通了第一条公共铁路。5年后，从利物浦到曼彻斯特的铁路投入使用，它被认为是第一条现代铁路。在19世纪40年代的铁路狂潮中，铁轨延伸到了英国的各个角落。

◀ 辉煌的蒸汽时代——1960年2月的阳光照耀在这辆由奈杰尔·格雷斯利设计的伦敦东北铁路公司V2 2-6-2型机车的烟霜上，它正呼啸着穿过帕斯至爱丁堡途中的一座苏格兰大桥。格雷斯利是最伟大的机车设计者之一。

联结美国

1835年，比利时和德国也开通了公共铁路，在紧接着的20多年里，其他国家也相继开通铁路。新式铁路在联结不同的国家和创造我们现在所熟知的国家方面发挥了重要作用。

美国是最好的例子。联合太平洋铁路公司和中央太平洋铁路公司在1863年合作修建了一条横贯美国大陆的铁路。一方从太平洋沿岸向东修建，另一方从密苏里河向西动工。6年后，两条线路在犹他州会合，人们在交会点钉了一枚黄金轨钉以示庆祝。这条贯穿大陆的铁路对保持这个迅速扩张的国家的统一，起着不可估量的黏合作用。在世界各国，比如澳大利亚及印度，铁路也发挥了同样的作用。

利物浦到曼彻斯特的铁路开通50年以后，蒸汽动力机车已经成为欧洲和美国的主要交通工具。截至第一次世界大战爆发时，美国的铁路长度达到40万千米，英国达2.4万千米，法国达4万千米，德国达2.9万千米。

铁路交通的蓬勃发展影响了西方世界每一个人的生活。它是第一个能够运载大量乘客的交通系统。人们第一次可以每天经很远的路程去上班。这意味着城市可以延伸到周边的乡村，城市和郊区通过铁路联结起来了。没有铁路，今天的大城市就无法扩展到如此大的规模。

大都会和地铁

铁路并非只用于长途运输。市中心的地铁系统也大受欢迎。世界上第一条地铁是浅层轨道，在街道下面不太深的地方，轨道上行驶的是蒸汽机车。伦敦大都会的第一条地铁线路在1863年通车，它带有排烟的通风孔。

后来工程师们开发出新的技术，可以在地表以下25～28米深处开凿隧道。1890年，一条在泰晤士河下面运行的深层地铁线路开通了。此时已经采用电力机车了，所以烟雾不再是问题。1897年，美国的波士顿开通了地铁。1904年，纽约地铁的第一条支线也开通了。

你知道吗？

水上铁路

英国萨塞克斯郡的布莱顿至罗廷丁的海岸电力铁路一定是世界上最奇怪的铁路之一。

这条铁路由马格努斯·沃克修建，长约4.5千米，沿着海岸延伸。在涨潮时4条铁轨都会淹没在4米深的水中。不过有轨车可以"站"在7米长的支架上，它的车厢也建得像船舱一样。这是世界上唯一一辆将救生艇和救生圈作为常规设施的有轨车。

这条线路从1896年11月运行到1901年1月，只存在了4年。

铁路交通的发展

从行驶在木质轨道上的马拉车演变到火车是一个漫长的历程。从最初的蒸汽机车到后来的内燃机车再到电力机车,火车经历了多次变革。最新的革命产物是脱离了铁轨的磁悬浮列车,它可以悬浮在空气中,甚至连火车车轮也过时了。

早期的铁路
这种马拉煤车在 18 世纪 80 年代用于法国的煤矿中。矿车轨道在 16 世纪就已经出现了。

特里维西克的机车
1804 理查德·特里维西克在英国什罗普郡的煤溪制造出第一辆可以在铁轨上行驶的机车。

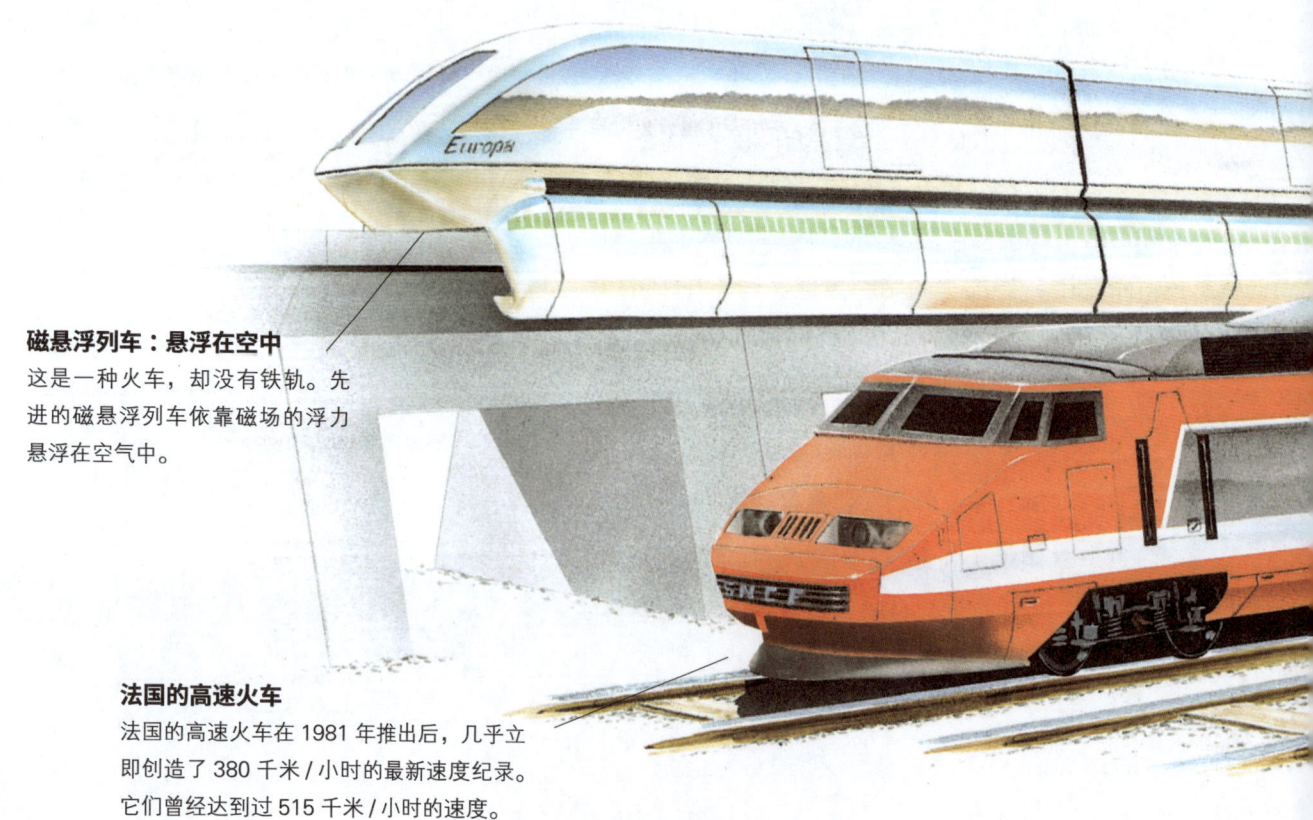

磁悬浮列车:悬浮在空中
这是一种火车,却没有铁轨。先进的磁悬浮列车依靠磁场的浮力悬浮在空气中。

法国的高速火车
法国的高速火车在 1981 年推出后,几乎立即创造了 380 千米 / 小时的最新速度纪录。它们曾经达到过 515 千米 / 小时的速度。

世界铁路交通

斯蒂芬森的"罗克特"号
乔治·斯蒂芬森的"罗克特"号蒸汽机车于1829年经过试验获得成功,这证明蒸汽机车可以成为一种可靠的公共交通工具。

"苏格兰飞人"
A1型"苏格兰飞人"机车是在1922年为伦敦至爱丁堡专线而设计的,它是那个时代最先进的蒸汽机车。

"狂野西部"的先锋
经典的美国4-4-0型机车首造于1839年,它成了"狂野西部"的标志。后来美国又生产了2万多辆这种机车。

意大利的"赛特贝罗"号
意大利的"赛特贝罗"号火车在1953年首次亮相,它们性能优越,外形美观,因此现在又重新投入使用。

"西风开拓者"
1934年,柴油电力机车"西风开拓者"在美国引发了一场铁路交通的革命,它从芝加哥开到丹佛(1637千米)只用了不到13小时。

空前的纪录
A4型"野鸭"号机车保持着蒸汽机车的最高速度纪录。1938年7月3日,它达到了202千米/小时的速度。

▼ 这是1993年复制的斯蒂芬森的"行星"号机车。斯蒂芬森修建了第一条从英国利物浦到曼彻斯特的铁路，这是世界上第一条现代化铁路。这条铁路于1830年9月15日在一片欢呼声中开通，直到现在仍然是一条繁忙的主干线。

▼ 1909年，中国首条自行设计和建造的铁路——京张铁路建成，这是中国铁路史上的一次重大飞跃。图为铁路建成后，总设计师詹天佑与参与铁路建设的人员合影。

▶ 英国制造的 SPS 4-4-0 型机车拉着一列巴基斯坦客运火车驶离了萨戈达。这款英国蒸汽机车是专门设计的，可以在与英国气候完全不同的极冷或极热的环境下工作。尽管它们年月已久，但至今仍然驰骋在巴基斯坦和印度的铁轨上。

▲ 上海磁悬浮列车专线西起上海轨道交通2号线的龙阳路站，东至上海浦东国际机场，专线全长29.863千米。

为生存而斗争

20世纪是铁路发展的艰难时期。来自公路和航空运输的竞争日益激烈。到了20世纪60年代，西方国家的大多数铁路系统都遇到了严重的困难。许多铁路公司只能依靠政府的补贴勉强度日。

随着外部竞争越来越激烈，铁路系统内部也越来越复杂。首先是20世纪50年代内燃机的使用终结了人们心目中浪漫的蒸汽时代。内燃机车随后又被电力机车所取代。电力机车在19世纪末就已经出现了，但是直到20世纪60年代它才开始用于日常的长途交通。20世纪90年代初，日本在电气化方面一路领先，日本国内几乎一半的铁路都采用电气。像英国这样的国家则远远落后，电气所占的比重还不到1/4。

中国的铁路交通在发展初期要远远落后于西方国家。直到1909年，中国首条自行设计和建造的铁路——京张铁路才正式建成。这条由詹天佑担任总设计师的全长200多千米的铁路，堪称中国铁路交通史上的一个里程碑。

近年来，中国的铁路交通呈现飞速发展的趋势。2003年，中国第一条高速铁路秦沈客运专线通车。截至2012年9月，中国大陆高铁营业里程已达6894千米，在建高铁1万多千米。此外，由中德两国合作开发的世界第一条磁悬浮商运线——上海磁悬浮列车专线，已于2002年12月31日正式运营。这是世界上第一条商业运营的磁悬浮专线，其设计时速高达430千米。

世界医学的发展

从远古时代开始，人们就一直在寻找新的方法治疗疾病和伤痛。今天，感谢现代医药处方和高科技医疗设备，人们的卫生保健已取得了显著效果，并且大多数治疗都已感觉不到疼痛了。不过，我们的祖先可没这么幸运。

草药医术是医学最古老的形式之一。草药医生利用从一些特定植物的根、茎、皮、叶、果实中提炼出来的物质治疗各种疾病。我们今天服用的一些药就来源于草药。例如，止痛药阿司匹林的有效成分是从柳树皮中提炼出来的；治疗心脏病的洋地黄制剂是从一种名叫洋地黄的植物中提取出来的。草药治疗通常与神话和传说联系在一起，并且祖祖辈辈口耳相传。

你知道吗？

草药疗法

今天的许多药物都起源于原始部落中使用的草药。例如，治疗疟疾的奎宁是从金鸡纳树皮中提取出来的，它很早就被南美的印第安人使用了。今天，有一些草药疗法仍然使医生们感到困惑。1994年，一个英国人在南美探险时，因为手部受伤严重感染，当地的一位巫医把他的手放入一罐蛇皮中，竟然治好了他的病。

◀ 草药的疗效在古代就已为人所知。图中这本草药书写于1750年前后，书中的知识都是在千百年中积累下来的。

科学的方法

现代医学起源于古希腊。出生于公元前460年的古希腊医生希波克拉底，通过一种科学的方法来治疗疾病。他把病人的症状系统记录下来，并把相同症状归为同一类疾病。他认为疾病并不是巫术引起的，而是往往由于一些简单的原因，如不良饮食或者恶劣的居住条件。

希波克拉底能够治疗骨折，做一些小手术。他教导学生说，医生应该做的是要最大限度满足病人的利益，而不应该狂妄自大地把一些信息传递给病人。他的这些原则是希波克拉底誓言中的基本组成部分，至今仍被医学界遵守。

古希腊学者亚里士多德（公元前384—公元前322年）教导学生如何通过试验来检验医学理论；古罗马医生盖伦（129—199年）通过解剖动物身体来研究它们的结构。和那时候的大多数希腊人一样，他们认为人体是由4种液体（体液）组成的，它们是血液、黏液、黑胆汁和黄胆汁，而疾病是由这4种体液的不平衡引起的。

当时的罗马人雇用了许多希腊医生，因此当罗马帝国扩张到整个欧洲时，希腊的医学思想也随之得到了传播。然而，随着罗马帝国的解体，欧洲的医学又迅速恢复到民间传说和迷信中去。

大开眼界
石器时代的外科手术

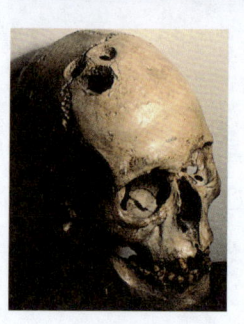

在被发现的史前时期的人体头骨上，有时能看到有一些小块骨头被移除过。由于被移除的骨头又重新长出来，这表明当时已能进行外科手术，而不是在人死后进行的一项祭祀活动（古代有一项祭祀活动，是在人死后，把死人的一块头骨移去）。这种移除头骨的方法近似于现代的环钻术（一种医学手术的名称），它的作用是为了减轻人体头颅中的压力。我们的祖先这样做可能是为了治疗头痛或精神疾病，他们认为这些病的病因是由于邪恶灵魂被围困在了头颅内，因此需要把它们释放出来。

中世纪的医学

在中世纪的英格兰，基础的医疗护理是由修道院和以下三类人来提供的：

药剂师：药剂师是现代化学家的先驱，他们对草药青睐有加。除了草药，他们还能提供一些其他药物，包括狐狸油、涂了黄油的蜘蛛以及骨头粉末。

理发师兼外科医师：他们不仅替人理发，还能截肢、拔牙、放血（割开血管把血液放出来）。理发店门前由来已久的红白条圆柱，就起源于这个时期，红色和白色分别代表血液与绷

世界医学的发展　37

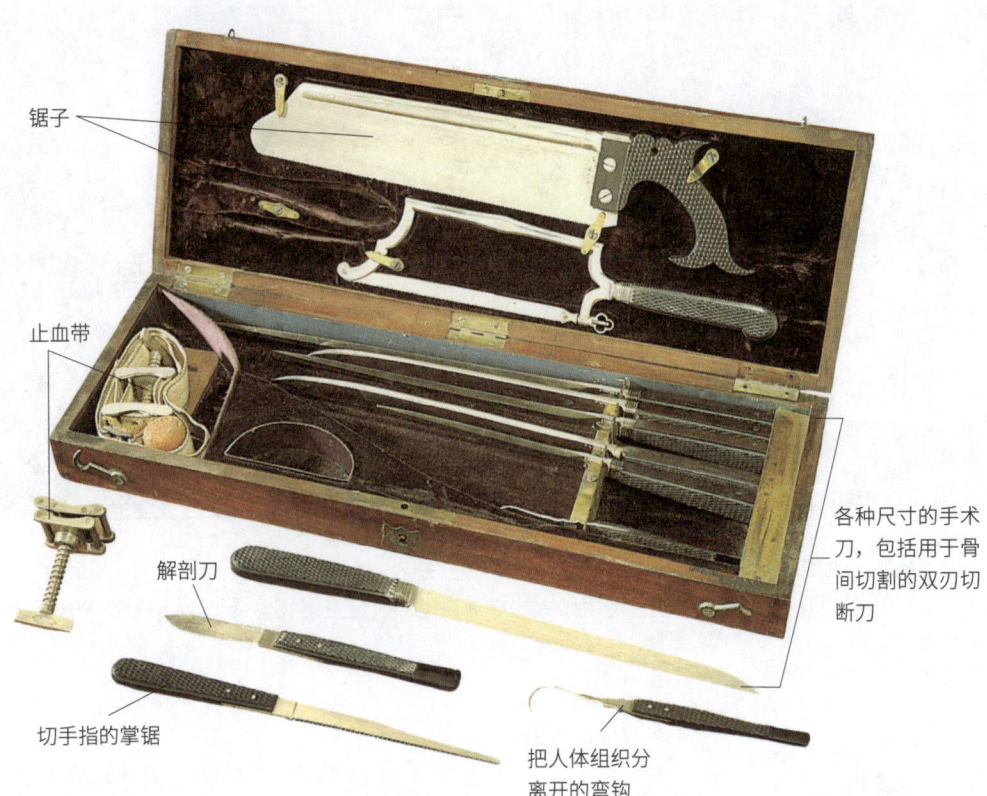

锯子

止血带

各种尺寸的手术刀，包括用于骨间切割的双刃切断刀

解剖刀

切手指的掌锯

把人体组织分离开的弯钩

▲ 这些是19世纪截肢手术使用的全套器械，包括锯骨头的锯子，切割人体组织的刀具，以及闭合动脉的止血带。

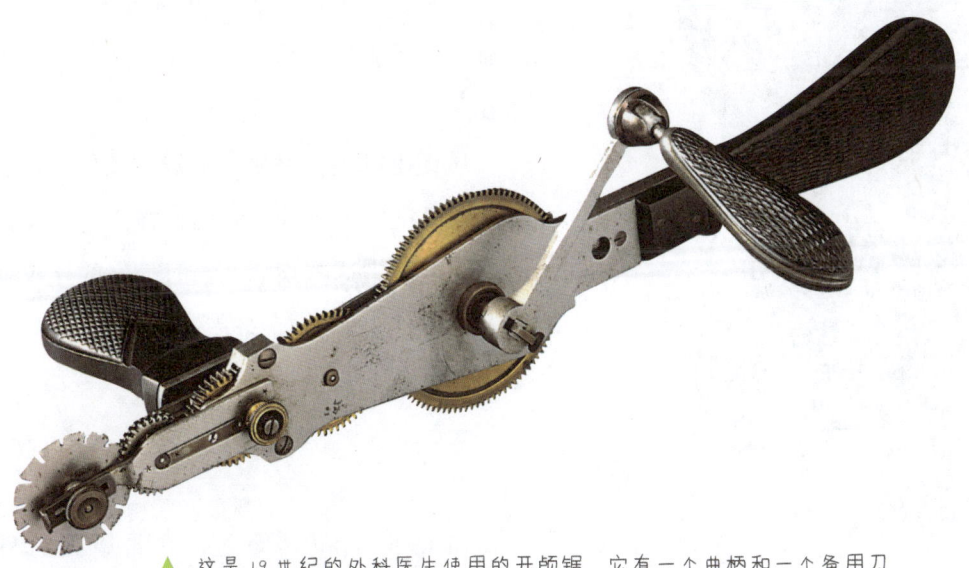

▲ 这是19世纪的外科医生使用的开颅锯。它有一个曲柄和一个备用刀刃，它用来实施一些基本的脑外科手术，如做环钻术打开头骨。

▲ 18世纪外科医生粗暴的截肢手术成为托马斯·罗兰森等漫画家的讽刺对象。但是对病人来说，这种没有麻醉剂的手术可绝不是一件好笑的事情。

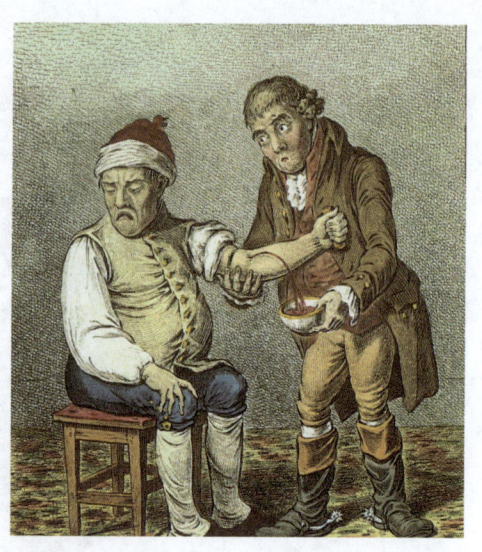
▲ 在19世纪仍然沿用放血疗法。图中情景是漫画家詹姆斯·吉瑞对这种做法的描绘。

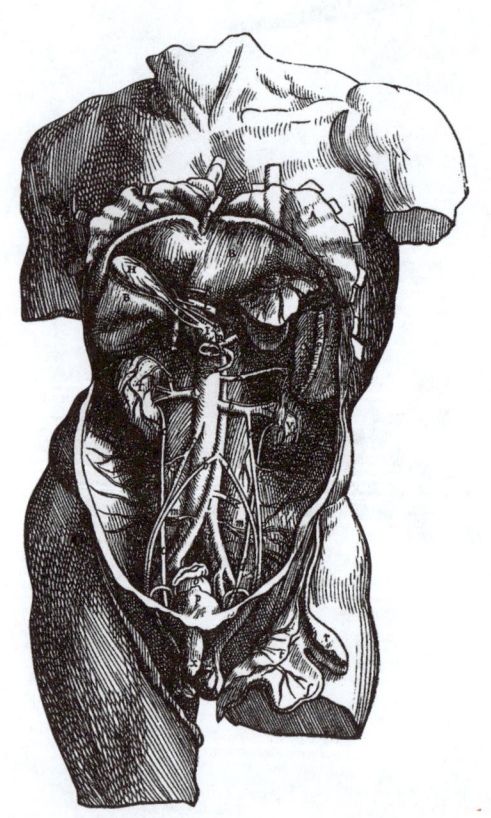
▲ 经过4年的解剖实践，安德烈·维萨里出版了第一本关于人体解剖学的著作——《人体的构造》。书中对人体的构造有着革命性的认识。

带。直到18世纪，理发师和外科医生两项职业才分开。

医生：1518年，世界上有了医学院，主要研究理论知识。当时，医生们仍然坚信要维持人体内4种体液的平衡，并通过用水蛭吸血、放血，或者服用泻药等方法来"净化"病人的体液。

城镇里既拥挤又肮脏的居住条件往往导致霍乱、鼠疫、天花等疾病的传播流行。城镇居民要避免感染这些疾病，当时最好的建议就是让人们搬到人口稀疏、环境健康的郊外去。

艺术与解剖

在15世纪和16世纪，在希腊人的科学治疗中又有了一项有趣的内容。艺术家莱昂纳多·达·芬奇（1452—1519年）解剖了人体，并把人体骨骼、肌肉和组织器官都详细地描画了出来，这有助于人们进一步了解人体结构及其运作。例如，英国医生威廉·哈维（1578—1657年）在此基础上揭示了人体心脏和血液循环的奥秘。

18世纪，像约翰·亨特（1728—1793年，科学的外科手术的创始人）这样的医生已经能够实施一些复杂的手术了。然而在当时，酒精是唯一广泛使用的止痛剂，因此医生必须在病人死于休克前将手术做完，速度成为检验医术的主要指标。1842年，美国医生克劳福德·朗首次使用乙醚麻醉剂，让病人在手术过程中安睡。此后不久，乙醚被外科医生和牙医普遍使用。当妇女分娩时，它还被用来减轻疼痛。

战胜细菌

虽然医生们总有办法治疗疾病，但是，即使是一些简单的小手术，病人幸存的概率也很低。实际上，由于使用未经消毒的器械，极易导致感染，所以外科手术常常把情况弄得更糟。

英国医生爱德华·詹纳（1749—1823年）发明了接种。他听说那些从牛身上感染了牛痘的人，对于与牛痘病源类似而致命的天花具有免疫力。他把牛痘疫苗注射到病人体内，使病人免受天花这种更为严重的疾病的侵扰。

法国生物学家路易·巴斯德（1822—1895年）使灭菌法向前迈进了一个新台阶。他发现将牛奶等液体在60℃下加热30分钟，就能杀死里面的乳酸杆菌。这种方法叫作巴氏灭菌法，现在仍在使用。巴斯德又制造了一种针对炭疽杆菌的疫苗，它需要把细菌先加热，使其无害，再注射到人体内。他还研制了一种预防狂犬病的疫苗。

无菌手术

英国外科医生约瑟夫·李斯特（1827—1912年）在研读巴斯德的著作时，认识到可以通过在手术室中制造无菌环境，避免病人在手术过程中的感染。他用石炭酸为病人的伤口消毒，清洁双手和手术器械。

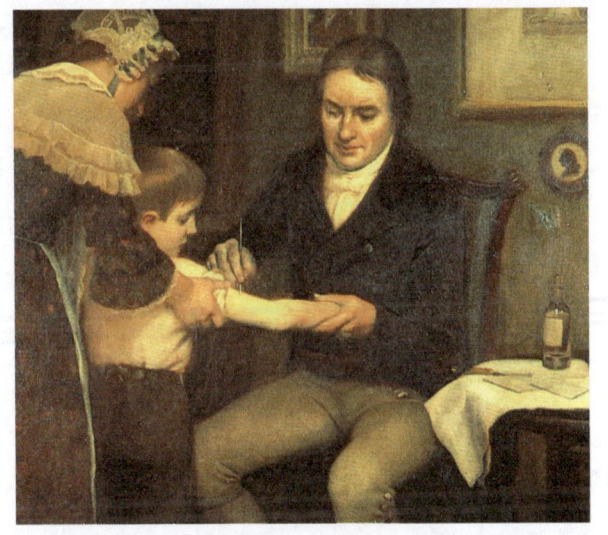

▲ 英国医生爱德华·詹纳听说当地有这样一个现象，凡是感染过牛痘的奶厂女工，都没有得过天花。他决定在一个8岁大的男孩身上做试验。结果这个男孩活了下来。詹纳把这种方法称作接种疫苗（接种疫苗的英文vaccination来自"牛"在拉丁语中的单词vacca）。

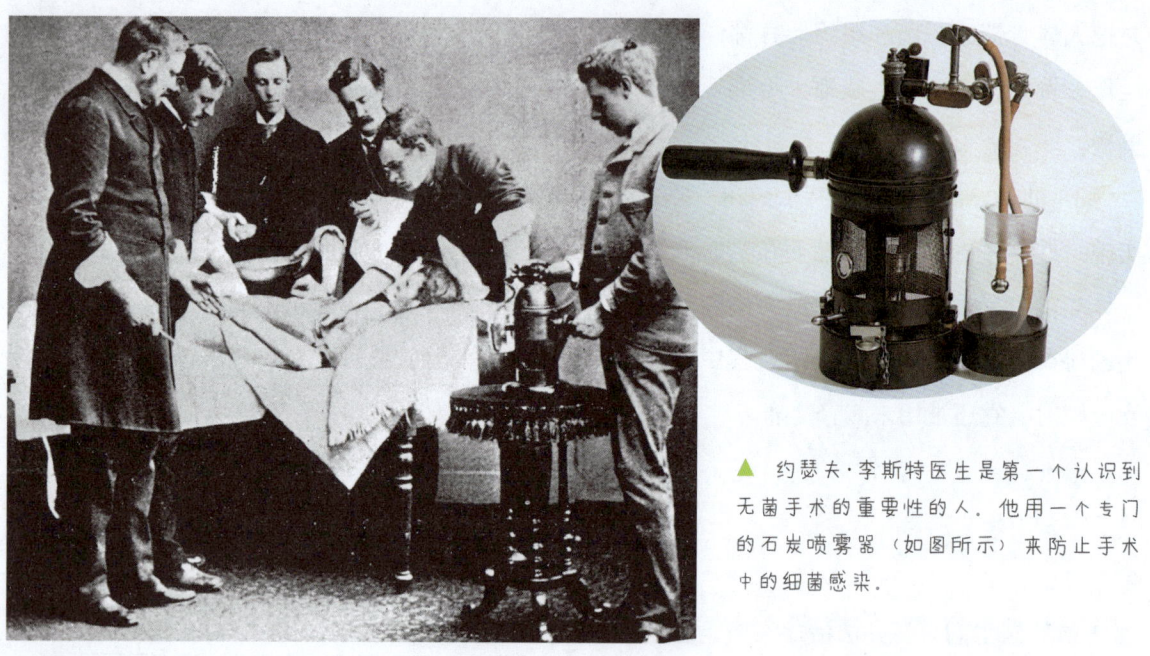

▲ 约瑟夫·李斯特医生是第一个认识到无菌手术的重要性的人。他用一个专门的石炭喷雾器（如图所示）来防止手术中的细菌感染。

你知道吗？

古代的医疗

在公元前300年，印度就有了医院。当时的印度医生用锯子、针、剪刀和钳子等器械来进行人体的表皮移植、外科整形、眼科手术和截肢手术。

古巴比伦没有医生。古巴比伦人通常把病人放在市场上，邀请大众为病人的治疗提建议。

结果，在外科手术中，病人的成活率显著上升。

消灭病菌的另一个重大成果是抗生素的应用。抗生素是由英国科学家亚历山大·弗莱明（1881—1955年）发现的。一次，他在一盘琼脂冻（一种果冻甜品）上发现一层霉菌，这种霉菌就是青霉菌，它把周围的微生物全都杀死了。于是，他从青霉菌中分离出了盘尼西林（青霉素）。盘尼西林至今被广泛使用，用来治疗各种各样的细菌疾病。

病毒引起伤寒、流感和麻疹等疾病，它与细菌不同，不能用抗生素来治疗，因此，接种疫苗是治疗这些疾病的唯一办法。

今天的医学

从理发师兼医师和药剂师的时代至今，医学经历了漫长的发展。在现代药物和外科技术的支持下，心脏移植手术也变得稀松平常了。今天的外科医生已经不仅限于做截肢手术，他们还可以进行重建、接回，微创、激光、内放镜等手术！

世界医学的发展

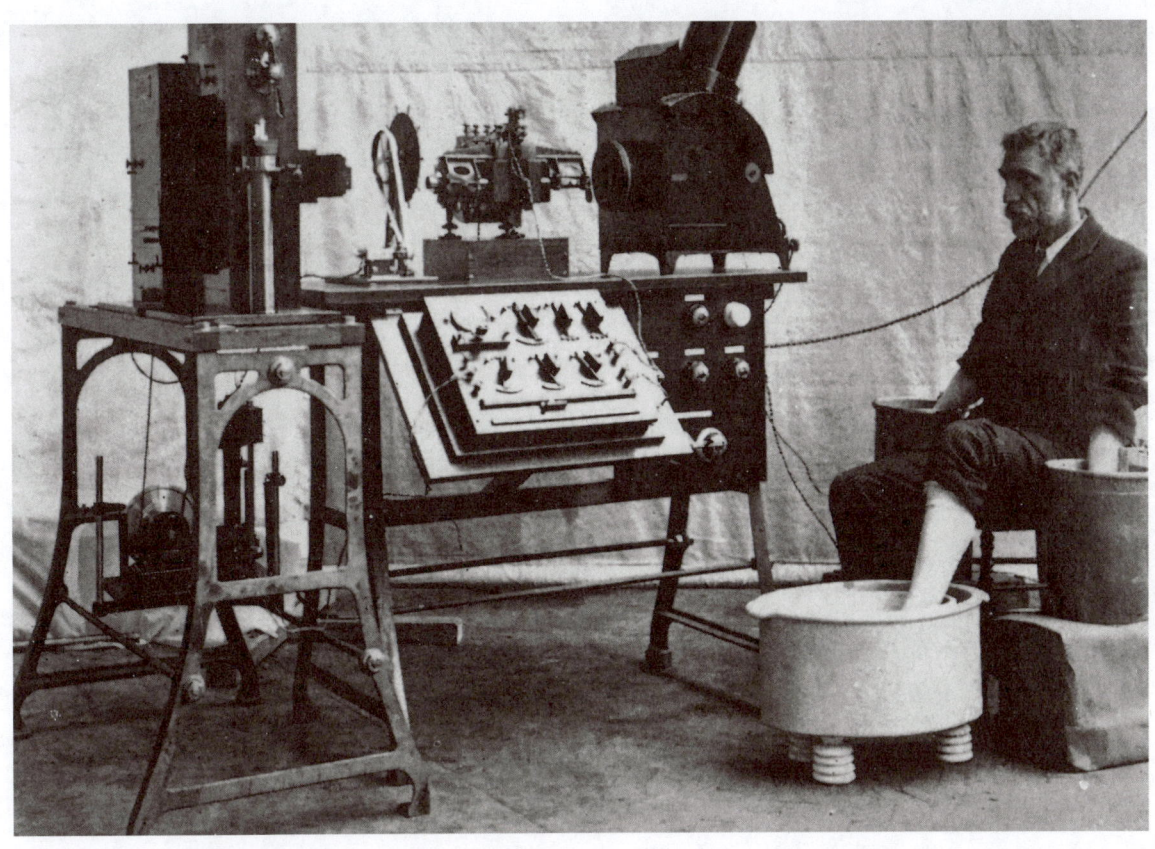

▲ 这是在1901年制造的心电图仪，它是用来测量心电活动的。病人把四肢放在电解溶液里，电解溶液把心脏脉冲转换成电流，通过金属丝传到一块活动的摄影平板上，这样医生就能看到病人的心电图。

科学的发现

对古代人来说，世界是一个谜，因此他们"发明"了神，让神来创造并控制世界。渐渐地，人们开始观察并记录周围的事物。科学由此诞生，并在几千年后推动现代社会的发展取得了巨大的进步。

在古代，生活在中东、美洲和中国的人们掌握了一些实用的科学方法。他们的兴趣在于治病、测量和计算以及记录时间以掌握播种的时节。然而，直到公元前6世纪古希腊的崛起，人们才真正开始对事物的理论认识。

希腊科学和阿拉伯科学

出生于米利都的泰勒斯是第一个用严肃的科学方式进行思考的希腊人。他成功地预言了发生在公元前585年的一次日食，这激发了许多希腊人对科学的兴趣。200多年以后，一位叫柏拉图的伟大哲学家在雅典开办了一所学校，名叫雅典学院。他认为，科学的关键在于理性的思考，而非经验和观察。但是他的学生亚里士多德不同意这种说法。亚里士多德研究了自然世界，并得出结论：世间万物都是由5种元素组成的，这5种元素是地球上的土、气、火、水以及天上的"以太"。另一位重要的希腊科学家是德谟克利特，他认为所有物质都是由不可见的微粒（他称之为"原子"）构成的。现在，科学家们知道他的观点是正确的，但在当时，柏拉图和亚里士多德都反对这种观点。

公元前2世纪时，罗马人征服了希腊，但是罗马人的科学思维令人不敢恭维，他们没能将希腊人的科学思想向前推进，后来，是阿拉伯人将希腊科学发扬光大了。自7世纪起，阿拉伯科学随着帝国的扩张而广泛传播。

中世纪的欧洲科学

在中世纪，欧洲世界是由教会统治的，反对圣经的科学家常常遭到惩罚。中世纪最伟大的思想家是意大利修道士托马斯·阿奎那。他引用亚里士多德的著作完成了基督教教义的完整理论。这就是他的不朽著作《神学大全》（1225—1274年）。阿奎那指出，圣经和教会是宗教真理的源泉，但科学家们可以帮助人们认识物质世界。

大多数中世纪的"实证科学"都是由迷信的炼金术士来完成的。但少数严肃的科学研究者所进行的试验，为后来的科学发展打下了基础。

▲ 中世纪，欧洲的炼金术士们的主要目的是寻找一种方法，把普通的金属变成金子。当然，这是不可能完成的任务！

文艺复兴

14世纪后期，欧洲进入了一个渴求知识的时代。意大利科学家伽利略为文艺复兴时期的科学做出了巨大的贡献。他的主要兴趣是天文学，但他同时也做了一些有关力学的试验。其中最著名的是在意大利的比萨斜塔上做的试验。伽利略把两个重量不同的球从塔顶上同时扔下，结果这两个球在同一时间落地。长久以来，人们一直认为不同重量的物体下落的速度也不同，这个试验颠覆了旧有的观念，同时也证明了对理论进行验证、对科学现象进行实验和观测的重要性。

文艺复兴后期的另一位伟大科学家是法国哲学家兼数学家笛卡尔。笛卡尔著有许多关于科学理论的书籍，其中最重要的一部是《方法论》（1637年）。在书中他强调了理性的、具有怀疑精神的科学方法的重要性。

万有引力和现代化学

17世纪和18世纪欧洲最伟大的科学家是英国物理学家牛顿。牛顿发现了一种力，可以使物体掉落到地球表面上，还能使行星围绕着太阳旋转，他将这种力称为万有引力。牛顿还对光进行了研究。他使一束阳光穿过一块玻璃三棱镜，以此证明白光是由七色光组成的。

17世纪，英国科学家波义耳推翻了许多关于炼金术的迷信观念。他认为地球上存在

▲ 1666年，牛顿用三棱镜将白光分散成了从红色到紫色的一系列完整的光谱。

的元素远远超过炼金术士们所认为的 4 种。他还提出，所有的物质都是由一些基本微粒组成的，它们可以结合形成"粒子"。这是原子理论和分子理论的雏形。

波义耳关于元素不可再分的理论引起了科学家们的兴趣。英国科学家卡文迪许发现了氢气，并且证明了水不是一种元素，而是一种由两种元素组成的化合物。而拉瓦锡则证明了空气不是单一的元素，而是多种气体的混合物。另外，他还发现了氧气，并证实燃烧需要氧气。

原子理论

18 世纪，英国化学家道尔顿再一次研究了希腊的原子学说，并总结出了自己的原子论。他认为物质是由看不见的原子组成的，同一种元素的原子相同，而不同的元素拥有不同的原子。这个新见解帮助科学家们理解了化学反应的过程，即原子的结合与分离过程。

到 19 世纪时，许多元素都被发现了，于是科学家们想把这些元素按一定顺序排列起来。1869 年，俄国化学家门捷列夫把所有的已知元素，按原子质量从小到大的顺序排列，形成了元素周期表。

放射现象和原子

1896 年，法国物理学家贝克勒尔发现了铀元素的放射性。在法国从事研究工作的波兰科学家玛丽·居里和皮埃尔·居里夫妇，共同发现了其他的放射性元素，如镭等。

放射性的发现使科学家们相信原子并不是不可再分的。这个认识不久就得到了证实。1897 年，英国科学家汤姆逊发现了电子，这是包含在原子中的一种更小的粒子。1917 年，英国科学家卢瑟福提出，原子中的电子是围绕着一个核旋转的。卢瑟福还发现了组成原子核的粒子之一——质子。1932 年，英国物理学家詹姆斯·查德威克发现了组成原子核的另一种粒子——中子。20 世纪下半叶，科学家们又陆续发现了更多的粒子。

爱因斯坦和相对论

20 世纪，牛顿的理论受到了伟大的天才物理学家爱因斯坦的挑战。在他的《狭义相对论》（1905 年）中，爱因斯坦指出，空间和时间的所有测量尺度都是相对的，而不是绝对的。例如，一辆汽车如果以地面为参照物的话，它的速度是 100 千米 / 小时；但是如果以一辆时速 80 千米同向行驶的汽车为参照物，它的速度就只有 20 千米 / 小时。爱因斯坦的理论的前提是，物体的速度可以无限接近光速，但无法超越光速。当物体的速度接近光速时，相对论就发挥作用了。例如，如果一艘宇宙飞船以接近光速的速度与你擦肩而过，你会看到飞船里的时钟走得很慢，尽管从飞船内观察，时钟走得很正常。爱因斯坦还发现了质量与能量的关系，用公式 $E=mc^2$ 来表示（其中，E 代表能量，m 代表质量，c 代表光速）。

爱因斯坦的《广义相对论》（1916 年）进一步发展了上述理论。在书中，他认为万有引力可以被解释成空间的几何特性。例如，行星的质量并不是直接把物体"拉"到它的表面上来，而是通过使空间弯曲，让物体"落"入通向它的曲面上。同样，引力也会使光线发生弯曲。

爱因斯坦在生命中的最后几年里，致力于将宇宙间 4 种最基本的作用力——电磁力、万有引力、强核力和弱核力用一种理论统一起来。这个未完成的愿望也是留给当代物理学家的一个巨大挑战。

▲ 爱因斯坦是一位伟大的物理学家，但是他的老师们当年并没有意识到他的天赋，一位老师曾在对他的评语中写道："他成不了什么大器。"

世界天文学的发展

人们经常抬头遥望夜空，探索宇宙的奥秘。当几千年前地球上的居民观察太空时，他们只能使用肉眼。几个世纪过去了，研究太空的技术日益复杂。但是太空仍有许多无人知晓的秘密。

最早的天文学家认为宇宙里的所有物质都围绕地球旋转。他们看到了天上的太阳、月亮和五大行星——水星、金星、火星、木星和土星，这五大行星被称为游走的星体。在这些天体之外是真正的恒星。公元前 2500 年左右，恒星第一次被分成了不同的星座，其他的天体只有在运行到明亮的夜空时才能被观测到。天体的运行规律是制定日历的根据：太阳的运行决定了年份

▼ 中世纪时产生了许多天赋异常的阿拉伯天文学家。其中一位是阿卜杜勒·拉赫曼·苏菲，他写了一本《恒星之书》，在书中描绘了各种星座。

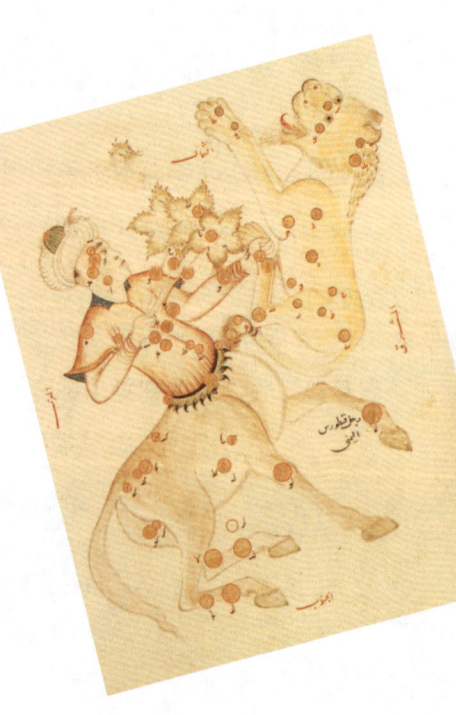

▲ 尽管地球中心说是不正确的，但是在天文学的发展史上，它们仍然具有重要意义。这幅图是托勒密地球中心说的美术画，选自1660年安德烈·策拉留斯出版的一部书中。图画清楚展示了围绕在地球周围的其他行星。

和季节，月亮的阴晴圆缺带来了月份和星期。

在基督诞生的 200—300 年前，有三位古希腊人为早期的天文学发展做出了贡献。尼西亚的喜帕恰斯（也被人称为伊巴谷）制作了第一张星体分类表，昔兰尼的埃拉托斯特尼计算出了地球的大小，萨摩斯岛的阿利斯塔克测算出了地球与月亮的距离。这些内容都记载于 2 世纪时托勒密在亚历山大里亚出版的《大综合论》一书中。随着该书的翻译，古代的天文学知识流传到了中世纪的欧洲。

太阳中心说

现在我们都知道太阳是太阳系的中心，地球绕着太阳旋转。1543 年，一位爱好天文学的波兰教士尼古拉斯·哥白尼提出太阳中心说（日心说）。他的观点并不为当时的人接受，尤其是罗马教廷，他们认定这是异端邪说。

1609 年，意大利天文学家伽利略用新发明的望远镜观测太空。他发现了木星的四颗卫星和数不清的星星；金星和月亮一样也有不同的相；月球上还有一些山脉。他的观察结果证实了太阳系的中心不是地球而是太阳。教会强迫伽利略公开否认太阳中心说，但是直到临终，伽利略仍然坚持自己的信念。

▲ 在威尼斯的一座建筑前，意大利天文学家伽利略向一群官员演示如何从望远镜中观察木星周围的行星。

17世纪早期，一位德国天文学家约翰内斯·开普勒利用丹麦天文学家布拉赫精确的观测结果，总结出了三条行星运行定律。这三条定律表明：行星绕着太阳运行，它们的运行轨道不是圆形而是椭圆形（椭圆形是一种被拉长的圆形）。根据定律，可以得出第一个合理的、精确的太阳系的尺度模型。1687年，牛顿出版了他的引力学著作，他在书中阐述了地球等空间上存在的引力定律，验证了开普勒定律。

了解恒星

19世纪下半叶，天文学家对恒星的构成成分的兴趣，远远大于对恒星和行星的运行的兴趣。直到现在，天文学家仍然用仪器收集恒星发出的光，并将这些光线按照光谱分解出来。每一颗恒星都有与众不同的光谱，光谱上的深色线条表示该恒星所含的化学元素。

英国天文学家威廉·休金斯认为地球、恒星和行星都是由同种元素组成的。根据光谱，恒星被分成不同的类别。20世纪20年代，英国天文学家塞西莉亚·佩恩-加波施金证明恒星主要由氢和氦组成。20世纪50年代后期，弗雷德·霍伊尔和威廉·福勒两位天文学家的研究结果表明星体内的核聚变如何产生出其他的化学元素。

宇宙大爆炸

18世纪80年代，英国天文学家威廉·赫歇尔爵士认为人类生活在一系列恒星中，这些恒星被总称为星系。他还为银河系做出了一个合理的精确模型，并且推测可能还存在其他类似的星系。但是直到1924年，美国天文学家爱德温·哈勃在明亮的光线上发现了几处模糊的斑点，并推算出它们属于其他星系，何塞尔的观点才得以证实。今天，我们所知的宇宙星系约有1000亿个。5年后，哈勃和维斯托·斯里弗一起研究证明，各星系运行的距离越来越远，也就是说，宇宙是不断扩大的。天义学家们曾意识到这种情况的存在，还提出了关于宇宙产生的新理论。比利时人乔治·勒梅特提出了宇宙大爆炸理论，认为宇宙是在一次大爆炸中产生的。赫尔曼·邦迪、托马斯·戈尔德和福雷德·霍伊尔提出了现在已经被学术界遗弃的恒稳态理论。恒稳态理论承认宇宙在不断地扩大，却否认大爆炸的发生。这种学说认为宇宙既没有诞生也没有灭亡，它将永远存在下去。

电的发现

现在,我们用起电来理所当然。电点亮了我们的房子和大街小巷,推动了现代科学技术的进步。虽然人们在古代就已经发现了电,但是直到100多年前,它还只是一个科学奇观而已。

在公元前6世纪,出生于米利都的希腊哲学家泰勒斯留下了有关静电的第一条记录。他发现,琥珀和布料发生摩擦后,可以吸引羽毛和其他轻盈的物体。但是在接下来的2000多年里,人们对这种奇怪现象的理解没有取得什么进展。

不过,在16世纪,英国科学家威廉·吉尔伯特细致地研究了摩擦产生的电荷。他尝试了不同的材料,发现玻璃、硫黄能够带电,金属却不能。吉尔伯特把这种能够产生电荷的力量叫作电。

稳步前进

17世纪和18世纪是静电研究的大发展时期。这一时期,制造和保存更强电荷的方法有了很大的进步,向公众展示电的神奇之处变得颇为流行。

1672年,德国工程师奥托·冯·格里克制造了第一台摩擦起电机。通过与布料或实验者的手相摩擦,机器中旋转的硫黄球可以产生强大的电荷。1745年,德国人克莱斯特发现,金属内壁的瓶子可以储存大量的电荷。由于荷兰莱顿大学首次将它投入正式使用,因此这个仪器被称为莱顿瓶。在现代的电路中,保存电荷的工作是由一个叫作电容器的装置完成的。

1752年,美国科学家本杰明·富兰克林在打雷时放风筝,证明了闪电是一种电火花。云层中的电荷顺着浸

▲ 莱顿瓶是早期的蓄电装置。电荷进入玻璃瓶中,保存在瓶子的金属内壁上。玻璃具有绝缘性,因此电荷不会泄漏出去。

大事记

16 世纪
英国科学家吉尔伯特对电和磁进行了研究

1672 年
冯·格里克制造了第一台摩擦起电机

1745 年
克莱斯特制作了第一个莱顿瓶

1752 年
富兰克林证明闪电是一种电;不久,他提出了正负电荷的理论

1791 年
意大利科学家伽伐尼提出"动物电"理论

1800 年
伏特制作出电池

1820 年
奥斯特用实验证明电流能够产生磁场;阿拉果把电流产生的磁场集中起来;安培揭示了电流的方向和它所产生的磁场之间的关系

1821 年
法拉第发现电动机原理

1831 年
法拉第发明电磁电流发生器,这是发电机的雏形

1864 年
麦克斯韦预言电磁波的存在

1876 年
贝尔发明电话

1887 年
赫兹发现无线电波

1895 年
伦琴发现 X 射线

▲ 图中大厦楼顶上的装置就是避雷针,它是美国科学家、政治家本杰明·富兰克林在 18 世纪发明的。

湿的风筝线通到一枚金属钥匙上,钥匙向富兰克林的手放出了电火花。富兰克林在这个危险的实验中幸免于难。法国人乔治·里奇曼却没有这么幸运,他在重复富兰克林的实验时被雷电击死。

富兰克林后来发明了避雷针,它是一根安装在高层建筑顶部的尖头金属杆,用来把闪电安全引导到地下。富兰克林还提出电荷有两类,一类是正电荷,另一类是负电荷,这就解释了电荷为什么有时相互吸引,有时相互排斥。

大步飞跃

1791 年,意大利解剖学教授路易吉·伽伐尼发表了一个观察报告。当他把死青蛙的腿与两种不同的金属(铁和铜)同时接触时,青蛙的腿竟然抽搐了。伽伐尼认为自己发现了一种新型的电,它产生于青蛙的腿部,因此被称为动物电。伽伐尼正确地认识到了这是一种新形式的电,但是他对这种电的来源却判断错误。事实上,他发现的是电流。电流并不是由动物的

肢体产生的，而是由浸入青蛙腿中的盐溶液里的两种金属产生的。

另一位意大利科学家亚历山德罗·伏特正确地解释了伽伐尼的发现。1800年，他制造出世界上第一个电池——伏打电堆，它可以通过电线输出稳定的电流。伏特电堆是在锌片和银片之间夹上浸透盐水的纸片，再一层一层地堆积起来制成的。

发明的时代

电流的发现是一个突破，它使电力技术的发展和20世纪的电力革命成为可能。但是首先，科学家们需要弄清楚电与磁之间的联系。

在经历了12年的失败之后，丹麦科学家汉斯·克里斯蒂安·奥斯特在1820年偶然发现，通电导线能使近旁的小磁针发生偏转，这证明电流产生了磁场。同年，法国科学家阿拉果把电线缠绕在一根铁棒上通电；从而产生了集中的磁场；而法国人安德烈·安培则总结出了电流的方向与其产生的磁场之间的关系。

大事记

1901年
马可尼发明无线电通信技术

1904年
弗莱明发明电子真空管

1947年
肖克利、巴丁和布拉顿发明晶体管

▲ 1800年，在法兰西科学院的一次会议上，意大利著名科学家亚历山德罗·伏特正在向法国皇帝拿破仑演示自己新近发明的电池。

▶ 18世纪的意大利科学家路易吉·伽伐尼，偶然用两种不同的金属同时碰触青蛙的下肢，青蛙的腿抽动了。伽伐尼在毫无察觉的状态下完成了一个电路，从而产生了电流。

法拉第

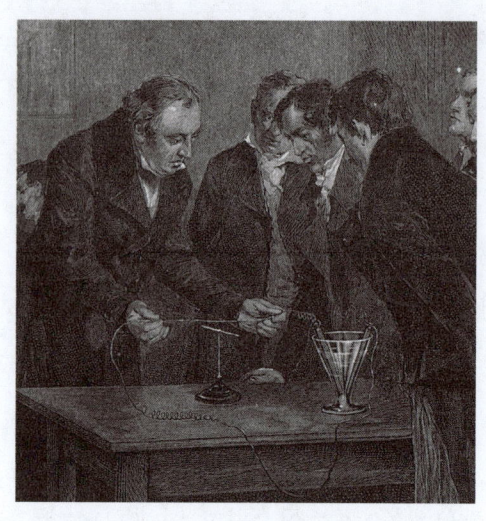

▲ 丹麦科学家汉斯·克里斯蒂安·奥斯特正在向他的同行演示电流是如何使指南针的磁针发生偏转的。这个实验证明电流产生了磁场。

然而，电磁学领域最伟大的人物要数英国科学家迈克尔·法拉第。法拉第是一个铁匠的儿子，在漫长的职业生涯中，他曾有过许多重要的科学发现。1821年，法拉第发现了电动机的原理——将线圈通上电流，线圈可以围绕磁铁旋转。1831年，他又发现移动磁铁能使金属线圈中产生电流。这些理论推动了电动机和发电机的发明。然而在法拉第的有生之年，这些重大的发现并没有得到重视。

几十年以后，电力才成为一种便捷的能源。19世纪晚期，从电灯到电话的一系列新发明飞速发展起来。

电子学革命

20 世纪，电子技术的发展改变了世界。真空管、晶体管和微芯片等电子元件可以自动控制电流，去处理用电子信号表示的数据。现在的个人电脑的核心是微芯片，它由千万个微小的电开关组成，电开关排列在还没有一片指甲大的硅晶片上。声音、图片、文本和视频都可以通过这些电路产生、保存并转换。而互联网使人们得以实现世界范围的交流。

21 世纪，电子学革命如火如荼。

生命科学的发展

从远古时代，人们就开始研究植物和动物。起初，人们仅仅能观察和记录肉眼所见的现象。后来，随着显微镜的发明，人们可以观察到生物的更多细节。在过去的50多年里，现代科学技术的进步使人们可以对生物世界进行更加详尽的研究，甚至可以创造出新的生命形式。

人类一直都在研究生命。100万年以前，早期的人类就开始观察水果在树上慢慢成熟以及狮子在平原上猎捕食物的场面。他们这样做仅仅是为了生存——为了寻找食物和逃避危险。

古代的自然科学家

希腊哲学家亚里士多德是第一位用科学思维研究生物的人。他花了几年的时间周游爱琴海上的岛屿，研究鱼类、海草和其他的生命形式。他把动物分成两类：一类是他认为拥有红色血液的生物，如哺乳动物、鱼、蛇和鸟类；另一类是没有血液的生物，如螃蟹和蚯蚓。现在我们知道，这两个类别分别是脊椎动物和无脊椎动物。亚里士多德还提出了"自然梯级"的理论。

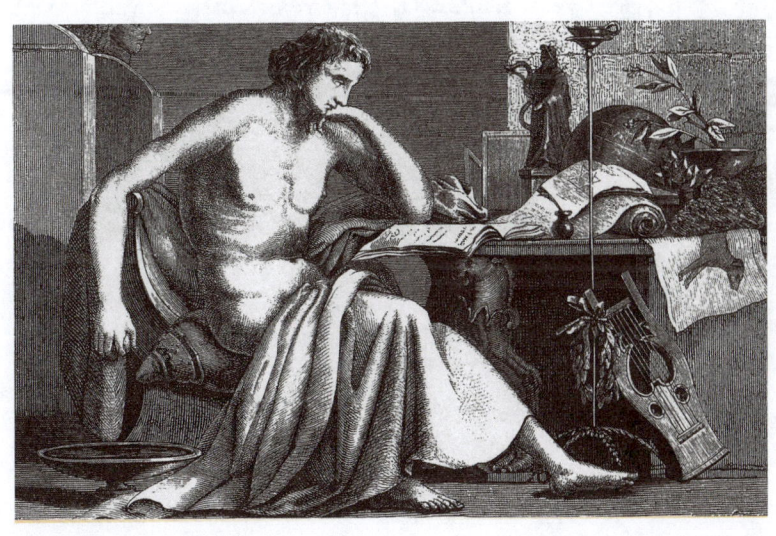

◀ 希腊哲学家亚里士多德可能是第一个用科学方法研究自然界的人。他花了数年时间考察希腊的动物和植物，还提出了"自然梯级"理论。

像水母这样的简单动物位于自然梯级的最底层，人类则位于最顶层。这暗示着所有的生物都有联系，这种观点成为2000多年后的进化论的基础。

老普林尼是一位罗马将军，他对自然界也有极大的兴趣。在他的巨著《自然史》中，有许多对野生动物的精确描写，如动物是如何行走的、鸟类是如何鸣叫的等。

古罗马医生盖伦写下了许多关于动物和人体内脏的著作。由于职业的缘故，当角斗士们在竞技场上受伤后，作为医生的盖伦就有机会一窥人体内部的奥秘。不过他猜测，人体的内部结构与猴子、猿等动物大同小异，因此他坚持解剖动物，而不是直接解剖人体。

科学革命

亚里士多德、老普林尼和盖伦的理论统治了生命科学领域1000多年。在这1000多年里，人们只是重复他们的教条，几乎没有进行任何新的实验和研究。这主要是因为基督教的教义认为，植物和动物都是由神创造的，人们只能对神的作品表示惊奇，而不能对它们开膛破肚。然而，到14世纪，全新的科学方法发展起来。意大利科学家伽利略和其他一些科学家都希望不受宗教的约束，而是自由地研究、实验和阐发新观点。科学迈开了前进的步伐。

17世纪，随着显微镜的发明，一个前所未有的微观世界展现在人们面前。荷兰人列文虎克自制了一台显微镜，他经过观察，画出了血液细胞、微小的水生动物、精子和细菌，这促进了微生物学的建立。英国科学家罗伯特·胡克也利用显微镜进行了许多研究，他是第一个使用"细胞"一词来描述生物体的基本结构的科学家。

瑞典植物学家林奈对生物进行了分类，他先把生物分成纲，纲下面是稍小的目。目由更小的属组成，属又分为若干个种。林奈为每一个生物起了两个名字，第一个是它的属名，第二个是它的种名。这种双名分类体系在生命科学领域沿用至今。

▲ 美国博物学家奥杜邦因其栩栩如生的野生动物图画而闻名。他绘制的图画为生物学家的研究提供了宝贵的资料。

观察自然

自然科学家越来越意识到观察对于研究的重要性。这种认真细致的观察成果之一就是英国人怀特写的《塞尔彭自然史》，在书中他绘声绘色地描绘了他居住的塞尔彭地区的野生动植物。怀特发现，鸟类通过鸣叫相互交流，它们都有自己的领地。

法国科学家居维叶推动了解剖学的发展，这是一门有关动物的骨头、器官和其他身体部件的组合方式的科学。居维叶在对动物活体和化石的研究中摸索规律，寻找各种动物之间的相似性。

在美国，奥杜邦带来了一股新的研究趋势，他亲自走到野外去研究、描绘鸟类和其他生物，而不是研究那些没有生命的涂着防腐剂的标本。他绘制的鸟类和哺乳动物的精美图片到现在仍然非常珍贵。

达尔文和进化论

英国生物学家达尔文总结了其他科学家模糊的进化论思想，并把这些思想与自己在环游世界时对甲虫、龟和雀类的研究结合起来，给人们带来了生命科学史上最大的进步。

达尔文的《物种起源》一书曾引起巨大的反响，书中说生物不是由上帝创造出来的，而是随着时间的推移不断演化（进化）而成的，因此所有的生物之间都有或多或少的亲缘关系。他的进化论还指出，人是从猿进化而来的，当时，这个论点让许多人无法接受。

遗传学

后来，进化论的观点逐渐被接受，它同时也为生命科学提供了一个研究框架。奥地利人孟德尔通过一系列实验解释了生物是如何进化的。孟德尔在培育豌豆时发现，豌豆的一些性状，比如花朵的颜色等，会以显隐性的模式代代相传。他提出，这些性状是由亲代植株的种子中的"遗传因子"决定的。但是直到20世纪，孟德尔的研究成果才受到关注。1909年，这些携带遗传性状的因子被命名为基

▲ 这是1874年的一幅漫画，画的是达尔文和猿像朋友一样待在一起的场景，用以讽刺达尔文的进化论。当时很多人认为达尔文说人类和动物有亲缘关系是很可笑的。

▲ 法国科学家居维叶用林奈的方法为动物的化石进行归类。他还为林奈的这个分类系统增加了一个新的类别——门，它是由纲组成的。

▲ 图中是沃森、克里克和他们的 DNA 双螺旋结构模型。DNA 化学结构的发现是生命科学史上的一件大事。

因。现代遗传学由此诞生。

　　1953 年，英国科学家克里克和美国动物学家沃森公布了一个惊人的发现：他们解开了 DNA（脱氧核糖核酸）的化学结构之谜。DNA 存在于生物体的细胞内，携带着基因信息。这个发现使科学家们可以利用基因工程改变基因，并使它们重新组合。现在，遗传学是生命科学中发展最快的学科之一，将来它可能给每个人的生活带来影响。

地球科学的发展

在古印度神话中,地球被描述成一个扁平的圆盘,它由四只站在海龟背上的大象托起,而这只海龟生活在永远都不会干涸的海洋中。古埃及人则认为地球是一位仰卧着的巨人,而天空是另一个斜站在他上面的巨人。

当最早的古代文明产生之后,人类开始关注周围的一切事物,尤其想知道自己所生活的这个世界是由什么构成的以及如何形成的。最先科学地思考这些问题的人是古希腊人和古罗马人,这与他们生活在地震带上有关。地震和火山爆发的灾难性后果使得他们很快意识到,地球是一个不断变化的星球。

一些人从中受到启发,逐渐形成了有关地球的新看法。古希腊历史学家希罗多德(约公元前485—公元前425年)在高山上看到海贝壳的化石后得出结论:这些贝壳化石是古代海洋遗留下来的。古罗马哲学家塞涅卡(约公元前3—65年)写道,地震是由地球内部的蒸汽运动引起的。尽管这些想法与事实比较接近,但是直到数百年后,真相才被揭示出来。

文艺复兴和工业革命

直到文艺复兴时期,对地球的研究才真正开始。在这个时期,人们开始将金钱视为财富的象征,而不仅仅是一种交换手段。因此,为了制造钱币,人们四处寻找金和银。1556年,格奥尔吉乌斯·阿格里科拉出版了第一本地质学教科书《论金属》,书中阐述了金属在岩体矿脉中的形成

▲ 1世纪时,古罗马哲学家和政治家吕齐乌斯·安涅斯·塞涅卡对地球的运行做出了许多富有启发性的猜想。

大开眼界

人造卫星的秘密

1957年10月4日，苏联将人类第一颗人造卫星"斯普特尼克"1号送入太空轨道，地球科学和太空科学从此迈入了新纪元。美国陆地卫星能够对地球岩石、矿物、植被等展开综合观测并搜集相关数据。美国相继发射了7颗陆地卫星，其中"陆地卫星"1号发射于1972年，"陆地卫星"7号则于1999年发射升空。图中是陆地卫星发送回来的图像，画面显示的是美国加利福尼亚州的旧金山湾。

▲ 亚拉伯罕·魏尔纳是水成论者，他认为水是改变地球表面的决定因素。

过程。

地球研究的第二次大飞跃发生在工业革命时期。人们在地层中发现了新兴工业需要的原材料（比如铁）和能源（比如煤）。了解这些矿藏的形成过程突然变得重要起来，因为人们可以据此找到更多的矿产。

地质学的诞生

并不是每一个研究地球的人都想从中获取利益。一些伟大的思想家意识到了地球知识的重要性，出于兴趣，他们也开始对地球进行研究。渐渐地，地球研究成为一门学科，也就是我们现在所说的地质学——这个词最早出现在1800年左右。

德国的矿物学教授亚拉伯罕·魏尔纳（1749—1817年）提出了岩石形成的理论雏形。他认为，地壳中所有的岩石都是在原始海洋中沉积和结晶而成的。水成论并不是一个拙劣的猜想，这是因为人们在海洋底部的确发现了很多岩石，比如沉积岩。

18世纪最重要的地质学家当属苏格兰人詹姆斯·赫顿（1726—1797年），他被誉为"现代地质学之父"。他在《地球学说》（1785年）一书中提出了火成论。该理论认为，大多数岩石的形成都与地球内部的热力运动（尤其是火山运动）有关。赫顿的观点是正确的，这是因为大多数岩石都是由炽热的熔浆冷凝后形成的，比如火成岩。赫顿还提出了均变论。他认为，地球是以稳定、均匀的速度进行演变的，而不是一系列灾难性的剧变。无论是过去还是现在，地球演变的方式和结果都是一致的。这意味着，人们可以利用现在观察到的地质现象去解释过去的地质事件。赫顿还认为，地球的演变历史是非常漫长的。

地质年代表

英国工程师威廉·史密斯（1769—1839年）进行实地勘测后发现，地层的结构是有规律的，每一层都含有其特殊的化石。后来，史密斯出版了第一本英格兰地质图集，书中以化石为依据将岩石进行了归类，从而初步建立了能够反映地球相对年龄的"地质年代表"。

1833年，英国地质学家查尔斯·莱尔（1797—1875年）出版了《地质学原理》，书中比较完整地叙述了地质现象的古今变化及其原理，有力地支持了均变论。如今，均变论已经被人们广泛接受。

漂移说和扩张说

岩石形成理论渐渐成型。不久，科学家们对地球整体的认识也有了新进展。当你查看世界地图时，有没有注意到南美洲东海岸可以与非洲大陆的西海岸拼合到一起？几个世纪以前就有人注意到了这个现象。德国气象学家阿尔弗雷德·魏格纳（1880—1930年）认为，这可能意味着各个大陆曾经是连在一起的，后来，它们彼此分开并逐渐移到现在的位置。他把这种地质活动称为大陆漂移。当他第一次提出这个假说时，根本没人相信。

20世纪60年代中期，新的研究证据表明，各个大陆并不是因漂移而分开的。物理学家瓦因和马修斯在进行海床勘测后认为，熔融岩浆从大洋中脊区涌出后会冷凝成新海床，新海床同时推动先期形成的较老海床逐渐向两侧移动。当海床移动的时候，它们会推动着大陆一起移动，从而使大陆分开。这种地质活动被称为海床扩张。

石炭纪

始新世

第四纪

▲ 这些地图出现在1922年的伦敦杂志上，它们形象地向人们展示了魏格纳的大陆漂移理论。

20世纪70年代，板块构造理论基本成型。这一理论认为地壳由大约20个被称为板块的巨大岩体组成，这些板块受海床扩张的影响而分开。板块构造理论为地球表面的发展变化提供了令人信服的解释。如今，科学家们对板块构造理论的研究越来越深入。

考古发现

> 直到最近150年,人们才完全认识到考古学的真正价值。这段时间里,熠熠生辉的珠宝、尸体的黄金面具和许多其他令人眼花缭乱的发现都相继问世——其中甚至还包括完整的古城。这些发现不仅具有观赏价值,还有助于拓展我们的历史知识,发现隐藏在古老传说背后的真实的人物和事件。

历史的遗迹遍布世界。地表之下埋藏着宫殿、庙宇、墓葬以及古代的排水沟、垃圾堆和残损的兵器。所有这些都是研究历史的富有价值的证据。它们可以由考古学家来仔细地挖掘(发掘)和鉴定。在这样的工作中,考古学家需要像侦探一样,耐心地把所有的线索拼合在一起。

历史学家主要依靠文字记载来研究历史。考古学家则研究古人遗留下来的第一手资料。陶器、珠宝、工具、建筑和骨骼都为研究古人的生活方式提供了线索。这些线索支持和弥补了文字记录所提供的信息,因为这些记录很可能是模糊的、不全面的,或者只是神话传说。

神话和现实

几个世纪以来,人们一直认为古希腊诗人荷马在《伊利亚特》中描绘的事件——希腊与特洛伊的斗争以及特洛伊城的陷落不过是个神话而已。但是在19世纪70年代,德国考古学家海因里希·施里曼(1822—1890年)在土耳其境内一个叫作希沙立克的地方发现了特洛伊城的遗址。在挖出若干层古城的遗址之后,他发现了一座城市的废墟,可能是在特洛伊战争中被希腊人毁掉的那一座。他的工作使人们认识到有关特洛伊城毁灭的故事可能并不是神话,而是对发生在公元前1200年左右的真实事件的描述。看来荷马在战争发生400年后记述了这些事件。

后来施里曼去了希腊,在那里他发现了迈锡尼古城的遗址。他挖掘了一系列葬品丰富的墓葬,随葬品中包括施里曼认为是带领希腊人攻打特洛伊的阿伽门农国王的面具。实际上,这些随葬品要上溯到公元前1600年——比特洛伊战争早400年。然而,施里曼的发掘工作的确证实了阿伽门农的迈锡尼古城是存在的。

▲ 这位考古学家正在英国伦敦盖氏医院附近进行考古发掘，这里渐渐显露出一处英国最大的古罗马船坞。图中的隔板被用来分隔处在不同历史时期的遗址层。

▲ 海因里希·施里曼是19世纪的一位德国商人，他对特洛伊战争之类的古代传说怀有浓厚的兴趣。他利用考古发现来帮助自己证明传说的真实性。

▲ 海因里希·施里曼的妻子苏菲佩戴着从特洛伊出土的首饰。施里曼把这些首饰以及其他出土的珍宝私运到了德国。1945年，这些珍宝又被苏联军队夺走。

施里曼的挖掘方法遭到了人们的批评。由于他急于找到惊人的宝藏，因此有时挖掘得非常粗糙，并仓促地得出结论。现在的考古学是一门更加严谨的学科。但是不管施里曼有着怎样的过失，他确实激发了公众对考古学的兴趣，同时也使人们相信考古学具有证实历史事实的能力。

图坦卡蒙墓

20世纪有许多震惊世界的新发现，最著名的发现之一就是图坦卡蒙墓中的珍奇异宝。图坦卡蒙是在公元前1333—公元前1323年期间统治古埃及的一位少年法老。他死后，墓中随葬了不计其数的珍宝，以及古埃及人认为他在来生可能会用到的所有物品，如家具、兵器、油灯、食物和饮料等。和许多其他的古埃及国王一样,图坦卡蒙被埋葬在埃及南部的帝王谷里。1922年英国考古学家霍华德·卡特(1874—1939年)发掘了图坦卡蒙的墓葬,墓中的宝藏远远超出了世人的想象。它清楚地表明古埃及人具有制作精美手工艺品的高超技艺。

▲ 英国考古学家霍华德·卡特率领考古队发现了图坦卡蒙墓。图中所示为1922年刚发现墓葬不久,他和一位助手一起检查图坦卡蒙木乃伊的情景。此时,这位少年法老著名的黄金面具仍然罩在他的脸上。

▲ 这枚镶嵌着宝石的漂亮胸章(佩戴在胸前的装饰品)是图坦卡蒙墓中众多的陪葬物之一。胸章上有一位女神张开双翼保护着法老。

大事记

1709年
公元79年被火山灰掩埋的古罗马古城赫库兰尼姆被发现

1748年
邻近赫库兰尼姆、同样于公元79年被火山灰掩埋的庞贝城被发现

1871年
海因里希·施里曼开始对特洛伊城的发掘工作

1876年
施里曼发现了希腊古城迈锡尼

1899年
阿瑟·埃文斯爵士在克里特岛的克诺索斯宫殿开始了长达30年的考古发掘

1922年
霍华德·卡特在埃及南部的帝王谷发现了图坦卡蒙墓

1922年
伦纳德·伍利在伊拉克南部的乌尔开始了对苏美尔城长达12年的发掘工作

1969年
对亨利八世的"玛丽·罗斯"号旗舰的水下发掘工作在英国南部的朴次茅斯开始

1974年
中国第一位皇帝秦始皇的墓葬在西安被发现,墓室的周围埋葬着秦始皇的地下大军——兵马俑

1982年
"玛丽·罗斯"号从水中打捞上来

1995年
在埃及帝王谷发现了一组巨大的墓葬群,里面埋葬的是拉美西斯二世的儿子们

随葬品

古代的其他民族也会在墓穴中埋入大量的随葬品,因此古代的墓葬促成了许多最为重要的考古发现。在 20 世纪 20 年代和 30 年代早期,由英国考古学家伦纳德·伍利(1880—1960 年)率领的一支考古队在伊拉克南部的乌尔,发现了早在公元前 5000 年就有人类定居的美索不达米亚古城的遗址。考古学家们在这里发现了房屋、河岸的码头、塑像和一座古老的梯形神坛(金字形神塔)。但是最令人叹为观止的是那些皇家墓葬,里面随葬有珠宝、乐器、棋具以及由黄金、木头、贝壳和天青石(一种蓝色的宝石)制成的雕塑品。考古队还在墓中发现了侍从和士兵的尸骨,他们都是为统治者殉葬而死的。

1974 年,几个农民在挖井时偶然发现了近年来最为辉煌的考古发现之一:位于西安的秦始皇陵。秦始皇是中国历史上第一位皇帝,他死于公元前 210 年。在他的墓室周围排列着 7000 多件真人大小的陶塑士兵像(兵马俑)、600 多匹陶马俑和 100 多乘木制战车,所有这些都展示了 2000 多年前皇家军队的气派。

▼ 公元前 210 年左右,气势恢宏的地下大军——兵马俑被陪葬在了秦始皇的墓室周围。这个墓葬于 1974 年被发现。

日常生活

然而，许多伟大的考古发现与奇珍异宝无关，而是展现了普通人的生活。意大利那不勒斯南部的罗马古城庞贝和赫库兰尼姆都被火山灰埋葬了，直到18世纪才被再次发现。从那以后，发掘工作持续进行，房屋、商铺、神庙、剧院和公共浴池纷纷重见天日。

近年来最著名的水下考古工程之一就是，在1545年的处女航中沉没的英国国王亨利八世的"玛丽·罗斯"号旗舰，于1982年在英国南部的朴次茅斯港被打捞上来。1969年，考古学家们就已经开始在"玛丽·罗斯"号的沉没地点进行发掘工作，在发掘过程中，人们发现船上载有许多日常用品，包括碟子、梳子、骰子、鞋、硬币以及武器和航海用的索具。这些物品向人们展现了都铎王朝的远洋航船上的生活。

▶ 这盏专为宗教仪式而设计的金质油灯是从庞贝城的废墟中发掘出来的。考古学家还发现了火山爆发时人类和动物试图逃跑却不幸被覆盖在火山灰下的遗体。

▲ 意大利南部的罗马古城庞贝城在全盛时期是一个繁华的商业中心。但是在公元79年，当附近的维苏威火山爆发时，它被火山灰和岩浆掩埋了。

▲ 图为在亨利八世的"玛丽·罗斯"号旗舰上所找到的各种私人用品。其中包括一把梳子、一只袖珍日晷、一只口哨、两枚硬币、一串念珠和一枚顶针。

全新的视野

偶然的考古发现会改变我们对历史的看法。例如，当英国的阿瑟·埃文斯爵士（1851—1941年）发掘出克里特岛的克诺索斯宫殿时，他揭示出一段存在了700年的文明，这个文明直到公元前1500年才突然陨落。他认为这座宫殿与古希腊的米诺斯国王和怪物弥诺陶洛斯的传说有关，因此把这个文明命名为米诺斯文明。

20世纪20年代，考古发掘工作在巴基斯坦的两座古城——哈拉巴和摩亨佐·达罗展开了。其结果印证了公元前2500年达到全盛的印度河谷文明的存在。同样，考古学家阿尔弗雷德·莫斯莱在19世纪80年代和90年代的考古工作证明了中美洲失落的玛雅文明曾经的富庶。玛雅文明在9世纪时突然衰落，留下了一片废墟和灌木丛生的森林。

大开眼界

大规模的发掘

在20世纪20年代对乌尔的考古发掘中，伦纳德·伍利爵士发现了一层厚厚的泥层。泥层覆盖着很久以前存在于此的一座城市。它可能是由涨潮的河水沉积形成的，因此这或许可以为古代苏美尔史诗《吉尔伽美什史诗》中提到的洪水提供证据。《圣经》中"诺亚方舟"的故事可能也源自同一场大洪水。

克里特岛上的米诺斯王宫残留下来的建筑。英国的阿瑟·埃文斯爵士在20世纪早期的考古发掘过程中发现了它。这个遗址的发现揭示了一个以前不为人所知的先进的文明。

面向未来

考古学的魅力之一就是随时都会有新的发现。例如，2006年2月，一支美国考古队在帝王谷中离图坦卡蒙墓不远的地方又发现了一处神秘墓穴，墓中包含5具已经沉睡了3000多年的木乃伊。

你知道吗？

多尔多涅的发现

19世纪时许多人都不相信人类曾与猛犸象等已经灭绝的动物生活在同一时代。但是1864年，法国人爱德华·拉尔泰在法国的多尔多涅地区寻找早期人类的遗迹时，证明了人们的想法是错误的。他发现了一枚猛犸象牙，上面有一幅由史前艺术家刻画的猛犸象的图案。这个发现是一个铁证！这类发现有助于我们重新认识史前人类的生活。

▲ 这枚工艺精湛的盎格鲁-撒克逊鹰形饰物是在英国萨福克郡的萨顿胡船葬中找到的，它是7世纪早期的物品。

伟大的机械发明

人类是富有创造力的生物。从很早的时候开始，人类就设计出了简单的机械，比如耕犁和滑轮。几个世纪过去了，越来越多的复杂设备被发明出来，比如印刷机和蒸汽发动机。这些发明创造不仅减轻了对劳动力的需求，也使一些原本不可能做到的工作得以实现。

第一项机械发明出现在史前时代。大约200万年以前，生活在东非地区的早期人类就开始把鹅卵石打磨成各种简单的工具。然后，他们使用这些带有锋刃的鹅卵石猎杀动物、切分食物、挖掘植物。考古学家将他们定名为"能人"，因为他们是最早会制造并使用工具的人类。

当人们的手艺更加纯熟时，他们开始为了特定的目的而制造不同形状的器具。大约150万年前，非洲、亚洲和欧洲的直立人制造出手斧。这种手斧有着宽阔的刃，可以用来砍剁、挖掘和战斗。紧接着，石矛、石刀和石锤相继被发明。大约1万年前，出现了第一件带有可移动部件的机械——弓箭，从此，石器时代的猎人可以远距离猎杀目标了。

中东的机械

公元前9000年左右，居住于中东地区的人们开始耕种了。他们不再四处流浪寻找

▲ 希腊发明家阿基米德设计了一种用来引水的螺旋装置。图中这位农民正在用它引水，灌溉农田。这种2000年前的简单机械已经成为世界上最经久耐用的发明之一。

食物，而是定居下来，在村庄里饲养动物，种植农作物。

　　农业的开端引发了人类的发明狂潮。那个时代最重要的发明可能是耕犁。最早的犁只是一根简单的木棍，能够插入土壤里将土翻起来。公元前 3500 年左右，美索不达米亚人开始使用大片的木头作为犁，这种犁在使用时需要一个农民在前面拖曳，另一个农民在后面掌舵。而在中国，农民从公元前 4000 年就开始使用结实的铁铧头了，铁铧头有着锋利的刃，可以犁开土壤。

　　美索不达米亚人还做出了其他一些重要的机械发明。早在公元前 7000 年，他们就发明了一种可以编织纤维的织布机。公元前 4000 年左右，他们发明了一种天平，这是最早的称量工具。公元前 3500 年左右，他们发明了制陶轮盘。300 年后，这种轮盘被改进成车辆的轮子。车轮是人类历史上最重要的发明之一。

　　从公元前 3000 年起，古埃及开始昌盛，古埃及人也具有高超的创造才能。他们最重要的发明之一是桔槔，这是一根长杆，一端系着水桶，另一端系着重物，水桶可以被放低，从河里汲水，然后在重物的帮助下被提起，把水提到较高处灌溉农田。这种简单的汲水设备发明于公元前 2300 年，至今在当地仍然有人使用。

　　古埃及人的另一项重要发明是弓钻。弓钻由上弦的弓和箭杆构成，通过前后拉弓，箭杆可以旋转，从而钻入其他物体当中。埃及人还设计了不计其数的工具帮助自己建造金字塔，其中包括铜凿，它使采集石块的工作更轻松了，另外还有用来切断木头和石块的锯。

中国创造

　　古代中国人利用自己的聪明才智，创造出各种各样伟大的机械发明。公元前 5000 年至公元前 2000 年的母系氏族社会晚期，中国人的祖先制造出最早的能用钥匙开启的锁；汉朝时期，他们又发明了风箱，让风吹向火焰，使火烧得更旺。公元 132 年，天文学家张衡发明了第一台地动仪。大约同一时期，中国人又发明了世界上第一辆独轮车。修筑长城的工匠们曾经使用这种手推独轮车搬运石料。

希腊的发明

　　希腊人是创造大师。滑轮是他们最早的发明之一，它由绳索和轮子构成。滑轮使人们可以更轻松地提起重物。公元前 236 年，聪明的阿基米德发现，用两个以上的滑轮组成滑轮组，可以更省力。

阿基米德还关注物体的运动原理。他在解释杠杆原理时说道："给我一个支点，我可以撬动地球。"他已经认识到，无论多么巨大的物体，只要有足够长的杠杆，都可以把它撬起来。他还指出，为杠杆选择不同的支点会影响移动重物花费的力气和重物移动的距离。利用这个理论，阿基米德将一艘船移上了岸。

另一位伟大的希腊发明家是希罗。公元前1世纪或公元前2世纪左右，他发明了螺旋压榨机，可以从葡萄中榨出果汁，从橄榄中榨油。但是他最重要的发明可能是汽转球，一个依靠蒸汽动力旋转的球体。这是工业革命时代蒸汽机的前身。

罗马革新

罗马人是技术高超的工程师，他们在庞大的罗马帝国内架桥筑路，还修建了许多其他的建筑。维特鲁威就是一位天才工程师，他在公元前1世纪完成了许多重要的机械发明。

维特鲁威发明了水车，还著有《建筑十书》。这本书被罗马工程师广泛使用，书中对许多军用机械进行了解释说明，还对起重机进行了描述。

▲ 这种农业收割机可以收割农作物，如小麦和玉米，并把它们捆绑成束。现代的联合收割机不仅能够进行收割和捆绑，同时还能给农作物脱粒，并将谷粒和外壳剥离开来。

中世纪的机械

5世纪，罗马帝国衰落之后，欧洲进入了中世纪时期。这一时期是宗教建筑的辉煌时代，这些宏伟的建筑中运用了许多建筑学和工程学技巧。中世纪的泥瓦匠和建筑师们改进了许多早期的机械发明，如滑轮、杠杆、齿轮、起重机等。

中世纪的欧洲人还改进了许多源自东方的其他发明，如用来将玉米磨成玉米面的风车。风车最早是在7世纪由波斯人发明的。波斯风车的叶片被安装在竖直的轴上。1185年左右，欧洲人把风车的叶片安装在了水平轴上。从那以后，欧式风车不断改进。如今，风的能量主要用来发电。1200年左右，欧洲人对中国和印度的手纺车进行了改进，制造出自己的手纺车。这种新型手纺车使纺线速度提高了一倍。

然而，中世纪的欧洲人并不仅仅是改进者，他们也有自己的发明。其中最重要的是12世纪的机械表，还有13世纪的各式火炮。

文艺复兴时期的机械

欧洲的文艺复兴运动开始于14世纪，大约持续了300年。在这个时期，一项最富有革命性的机械发明诞生了——1450年，德国发明家约翰尼斯·古登堡研制出一台印刷机。早在400年前，中国人就已经发明了活字印刷术，但古登堡是第一个使用印刷机快速印制大量书籍的人。这项发明使文艺复兴时期的新思想能够迅速传播。

▲ 在中世纪，当战争席卷欧洲的时候，各式各样的枪支、大炮和其他火器都陆续被发明出来了。这幅由一位德国画家于1483年创作的战斗场景图，向我们生动地展示了一些当时的新式武器。

▲ 这座罗马水车竖立在叙利亚的哈马市。当水冲击水车的桨叶时，它的轮子就可以转动。转动的轮子可以带动磨盘，将玉米磨成玉米面。

工业革命

在 18 世纪的西欧和美国，机械发明的数量大大增加，这使工业革命得以实现。在这些发明中，最重要的就是，它利用蒸汽的动力来完成各式各样的工作。1698 年，英国工程师托马斯·萨委瑞设计了一款早期的蒸汽机，用来从深深的矿井中抽水。接下来，又陆续出现了一些改进版本，直到 1782 年，英国发明家詹姆斯·瓦特制造出可以带动工厂里笨重机器的蒸汽机。

蒸汽机带动了工业革命的发展。在丝织厂和钢铁厂里，它们被用来驱动许多新型机器。蒸汽机也彻底改变了交通运输业。英国发明家史蒂芬森设计出具有实用价值的蒸汽机车，世界交通从此进入了火车时代。同时，蒸汽轮船也出现了。第一艘蒸汽轮船于 1783 年问世，它由明轮向后排水，带动轮船沿河道前进。1836 年，英国人佩蒂特·史密斯发明了效率更高的螺旋桨推进器，这种推进器可以带动钢体轮船在海上航行。

19 世纪，由燃烧汽油的内燃机提供动力的汽车问世了。1885 年，德国工程师卡尔·本茨发明了这种汽车引擎，并在第一辆三轮汽车上使用了它。1885 年，他的同胞戈特利布·戴姆勒制造出第一辆四轮汽车。1908 年，美国人亨利·福特开始大规模生产汽车，使汽车进入了寻常百姓家。

▲ 15 世纪中叶，约翰尼斯·古登堡发明了印刷机。印刷前，首先将要印刷的活字排列在一个框中，印完一页后，活字可以取出并重新利用。

▲ 这种用来生产白兰地酒的法式葡萄榨汁机发明于 1870 年，它是以希罗发明的螺旋压榨机为基础设计的。希罗在公元前 150 年左右发明的机器既可以榨出葡萄汁，又可以榨出橄榄油。

伟大的机械发明

▲ 这艘"阿基米德"号蒸汽轮船于1838年建成下水。它是第一艘由螺旋桨推进器驱动的船只，螺旋桨推进器是由佩蒂特·史密斯在1836年发明的。

计算设备

世界上最早的计算设备是算盘，它是在公元前3000年左右由中国人发明的。1614年，英国数学家约翰·内皮尔发明了一种由一系列金属计算棒构成的计算设备，称为内皮尔算筹。1642年，法国科学家布莱士·帕斯卡发明了一台加法器。

然而，直到19世纪，复杂的计算机器才被发明出来。这种计算机器被称为分析机，是在1837年由英国人查尔斯·巴贝奇首次提出设计的。这种分析机靠蒸汽提供动力，通过在卡片上打孔的方法进行编程，这是现代计算机的雏形。

到了20世纪，电子技术的出现为计算设备带来了彻底的革新。现在，袖珍计算器小巧得可以放在人们的衣袋里，功能强大得可以进行高度复杂的运算。不过，它们的动力不再是纯机械，而是电子。

▶ 早在19世纪50年代，美国人伊莱沙·格雷夫斯·奥的斯就发明了升降梯。1857年，一部升降梯在纽约的一家商场里正式投入使用，它是由蒸汽提供动力的。第一部电力驱动的电梯由奥的斯公司设计，并于1889年投入使用。

20 世纪的发明

20 世纪,交通领域出现了两项重大的机械发明。1926 年,美国发明家罗伯特·戈达德发明了第一台火箭发动机,标志着空间探索的开始。1930 年,英国人弗兰克·惠特尔发明了喷气式发动机,带动了战斗机和民用客机的发展。

与以往不同的是,20 世纪已经不再是传统的机械时代。和计算器一样,许多现代发明都依赖于电力,如晶体管、真空管等电子元件。这是一个电视机、电话、电脑的世界。我们已经大步迈进了电力时代。

随着信息技术的发展,21 世纪人类社会已经迈入了信息时代。

时钟

知道准确的时间常常是一件很重要的事情，如约会、乘火车或飞机，或者仅仅是等待放学。古时候，人们通过观察日月星辰的运动来确定时间。但在几个世纪之后，运行精确的时钟已经逐渐发展起来，它们可以让我们知道标准的时间。

时间与天文学紧密相连。一年是地球围绕太阳公转一周所需要的时间；一天是地球围绕地轴自转一周所需要的时间；一个月是两次满月之间的时间。古代的天文学家注意到，当太阳位于天空的正中央直射大地的这一天，黑夜与白昼的长短恰好相等——这样的情景每年会出现两次，分别是春季和秋季刚开始的时候。他们还发现了月亮会在一年中出现12次满月的循环现象，所以他们将黑夜和白昼分为12段相等的时长，这就是小时。巴比伦天文学家使用60进制，因此他们将一个小时平均分成60段，每段时长称为分。"分"又被分成60"秒"。

早期的时钟

古人使用太阳和星星来计算、分割时间。大约在公元前3500年，人们就已经开始使用日晷了。白天，人们利用日晷测算太阳阴影的运动来显示时间。人们将一根叫作晷针的小棒立在晷

◀ 产自瑞士的斯沃琪手表（Swatch），使腕表成为流行时尚之一。它的设计形式丰富多彩，其中许多作品都成为收藏者的珍品。

▲ 这是古埃及漏壶的复制品，原物的历史可以上溯到公元前1400年。水以确定的速度从漏壶底部的小孔流出，人们根据剩余的水的高度算出时间。

盘上，晷针的影子就会投射在日晷上。晚上，人们会去观察星星围绕北极星的运动情况，将它们当作天上的时针。

时间的间隔是用非天文时钟来计算的。最古老的时钟之一就是漏壶（又称滴漏、水时计）。漏壶最简单的形式是在一个内有小孔的壶中装满水，壶内标有刻度，通过测量流失的水量来计算时间，古代中国人、埃及人和古巴比伦人都使用过这种计时工具。1世纪时，罗马人引进了更加精致的漏壶，它可以使用活动的指针准确地标明时间间隔。差不多在同一时期，罗马人又发明了沙漏。当所有的沙子从沙漏的顶部漏到底部的时候，就说明已经过去了一段确定的时间。

另一种早期的非机械时钟是蜡烛钟。当蜡烛点燃的时候，通过蜡烛表面划出的凹槽就可以得知时间了，这种时钟曾在中世纪的欧洲被广泛使用。

时钟的发展

中世纪时，欧洲人发明了机械时钟。钟面的指针在天平、大齿轮和重物的作用下做规律运动。1335年，意大利的米兰建成了世界上第一座用于公众的机械打点钟。但当时的时钟并不能始终保持准确的时间。

1656年，荷兰人克里斯蒂安·惠更斯设计出一座带有钟摆的时钟，使钟表的准确性得以提高。钟摆的用途是控

▲ 这个银质日晷大约是在1570年由汉弗莱·科尔制造的，我们可以在日晷前端的圆形图案中看到他的名字。这是专门为海拔较高的地区设计使用的。

你知道吗？

时间和潮汐

涨落的海水冲击着海岸，使得地球自转速度随着时间的流逝逐渐变慢。2亿年前，一天只有23小时，一年有381天。

制重物下降或发条伸展的速度，它们依次运转使得时钟的嘀嗒声非常规律。但是即便是钟摆时钟，每天也会产生大约 10 秒钟的误差。

家用手表和家用时钟也开始发展起来。16 世纪早期，第一只便携式手表诞生。但是直到 1790 年，一家瑞士公司才发明了腕表，直到 19 世纪晚期，腕表才得到广泛应用。从 17 世纪早期开始，第一个时钟在英国家庭中被使用，它们的外形与手提灯笼相似，所以被称为灯钟。

标准时间

随着社会经济和交通运输网络的发展，人们需要制作精确的时间表。而时差的存在，使得人们必须寻找更好的方法来确定一个统一的时间标准。

1852 年，一座大型的电动时钟被竖立在英国格林尼治皇家天文台的门房旁边。它是由天文学家来控制的，以提供准确的时间，又被称为格林尼治平均时间。1884 年，人们将一条南北方向纵贯格林尼治子午仪的直线，即格林尼治子午线作为全世界的本初子午线，从而将地球的东半球和西半球分开。地球被分为 24 个时区，每个时区横跨 15 个经度。世界各地的官方时间，即标准时，都是依据它们在新地图上的位置而确定的。

1924 年 2 月，当英国广播公司（BBC）开始将 6 响"嘀嘀"声作为报时信号时，准确的钟表开始普遍出现，标志着"小时"已从 55 秒精确到了 60 秒。1905 年，法国天文台引进了在电话中会讲话的时钟。

▲ 和我们一样，17 世纪的人们也必须准时工作和上学。当时的富人可能会随身携带一个产于法国的闹钟，以保证不会错过约会。

▶ 这座 17 世纪的灯钟是英王查理二世时期在英格兰生产的。它是由镀金铜制成的，也就是在黄铜的表面镀一层薄薄的黄金。

精确的钟表

在 20 世纪中期以前,地球自转始终被视为最"完美的时钟"。但是由于浅海的潮汐作用,1 天的长度每过一个世纪就会增加 1.5 毫秒。季节的变化,如两极冰帽的融化和冻结,也会对地球产生影响,在地球北部是春天的这段时间里,地球自转速度要比秋天慢 1.2 毫秒。1948 年 8 月,原子钟的引进解决了这个问题,它通过计算石英晶体的摆动来测量时间。

1972 年,标准时间被世界时取代,世界时也是以格林尼治平均时间为基础,但是以一种新型原子钟来测量。它利用振动的铯原子来更加准确地校准石英晶体的摆动。1988 年,协调世界时取代了世界时,它是由世界各地 80 个中心的大约 200 个铯原子钟测量,再由法国塞弗尔的国际度量衡署调整得出来的。原子钟很稳定而且高度精确。如今正在运行的原子钟大约每 10 万年才会产生 1 秒钟的误差。

如今,石英原子技术已经普遍应用于普通大众的手表和时钟上。第一个石英腕表是由日本精工株式会社于 1967 年制成的。

海洋运输的革命

19世纪，海洋运输经历了两次重大革命。首先是蒸汽动力替代了风帆，然后是铁制船体取代了木制船体。海洋运输在很大程度上不再受天气的影响，而且船体越来越大，航行速度越来越快。

帆船最大的缺陷，是必须依靠风力才能航行。18世纪晚期，蒸汽引擎的设计取得实质性进展，这时，除风力以外的其他动力方式才变得切实可行。第一艘蒸汽船是"皮罗斯卡菲"号，1783年曾航行于法国的索恩河上。第一艘投入商业运营的蒸汽船是"克莱蒙特"号，1807年它首次出现在美国的哈得孙河上。1819年，"萨凡纳"号成功横渡大西洋，这是一艘安装了蒸汽引擎和明轮的蒸汽帆船。1838年，美国的"天狼星"号成功横渡大西洋，这是世界上第一艘全程以蒸汽为动力完成此项壮举的轮船。在"天狼星"号到达纽约4小时之后，由布鲁内尔设计的蒸汽轮船"大西方"号也漂洋过海，驶抵纽约。"大西方"号在纽约和英国之间总共航行了64次，其后，它在英国和西印度群岛之间航行达10年之久。从此，横渡大西洋的客运航线被固定下来。

◀ "克莱蒙特"号是世界上第一艘投入商业运营的蒸汽轮船，它于19世纪早期定期航行在美国哈得孙河上。图为1909年在纽约制造的"克莱蒙特"号复原物，船上站满了好奇的乘客。

布鲁内尔是一名出色的轮船设计师。1843 年，他设计建造了"大不列颠"号，这是第一艘依靠螺旋桨推动的铁制轮船。1859 年，他的最后一部作品"大东方"号建成，这艘船是专为远东航行而设计的。"大东方"号的船体非常庞大，以便能承载远航时所需要的全部燃料。它的动力来源于螺旋桨、明轮和风帆（可以节省燃料）。后来，这艘船还成功铺设了第一条横越大西洋的电缆。

动力引擎

早期蒸汽船的航行速度并不快，如果有适宜的风，运输茶叶的快速帆船就能超越它们。这种情形持续了很长一段时间。第一艘蒸汽船是用明轮推进的。明轮被安装在船尾或者船的两侧。当明轮转动时，明轮翼吃水较浅，因此明轮的推进效率并不高。从 19 世纪 40 年代开始，螺旋桨被广泛应用于蒸汽船，由于整个螺旋桨一直在水下不停地运转，所以它的推进效率比较高。

早期蒸汽船上的发动机，是通过蒸汽推动活塞运动产生动力的。船上的一台烧煤锅炉能够产生大量蒸汽。涡轮机的发明使蒸汽船的动力引擎发生了重大变革。涡轮发动机的性能比较可靠，并能产生巨大的动力。因此，使用涡轮发动机的蒸汽船要比使用活塞发动机的蒸汽船快得多。1894 年，航行于英国泰恩河和威尔河上的"特宾尼亚"号首次使用了涡轮发动机，其航行速度达到了 34.5 节（约 64 千米/小时），这与当今许多轮船的航行速度差不多。

如今，一些大型轮船仍在使用蒸汽涡轮机或燃气涡轮机。不同的是，这些船上的锅炉主要

▲ 这是停泊在利物浦码头的英国皇家邮船"毛里塔尼亚"号。它由蒸汽涡轮发动机驱动，船体长 240 米，有 4 个烟囱。它于 1909 年赢得"蓝带"奖，并将该纪录保持长达 20 年之久。

大开眼界

明轮 VS 螺旋桨

1845 年，英国海军举行了一场轮船拔河比赛。装有明轮的"阿勒克"号和装有螺旋桨的"响尾蛇"号都是排水量为 800 吨的护卫舰。它们船尾对着船尾，并用钢缆连在一起。然后，两舰开足马力，向相反的方向全速行使。最终，"响尾蛇"号赢得了这场比赛，它以 2.8 节的速度拖着"阿勒克"号轻松前行！从此，英国海军只选用装有螺旋桨的战舰。

使用核燃料或者油类燃料，而不再使用煤。1955 年，核动力发动机首次投入使用，主要应用于潜水艇和航空母舰。核燃料非常昂贵，但是，战舰无须再次添加燃料就能航行很远。内燃机发动机出现于 1897 年，是当今轮船的常用发动机，这是因为它们不仅能产生巨大的动力，而且价格也比较低廉。

铁甲战舰

蒸汽时代的到来，使得木制轮船逐渐被淘汰，这是因为蒸汽发动机的剧烈震动会使木制船板渐渐松动。这期间，军舰上的武器装备也越来越多、越来越重。因此，从 19 世纪中期开始，铁制轮船普及开来。

1860 年，英国制造出铁制装甲船"勇士"号。但是，"勇士"号上的大炮仍按传统方式被排列于船体两侧。不久，美国制造出一种能够自如旋转的炮塔，并被应用到装甲舰"班长"号上。1872 年，英国采用最新技术建造了"毁灭"号，4 门 35 吨的大炮被置于两个旋转炮塔中。英国皇家海军"顽强"号建于 1881 年，舰上装有鱼雷发射管、电灯照明设备和 4 门 80 吨的大炮。1906 年，英国的"无畏"号战舰下水航行。这艘战舰由蒸汽涡轮机驱动，舰艇材质为 15 厘米厚的钢板，24 门主力大炮被放置在 5 座炮塔中。这些大炮能在 30 秒内完成装填、瞄准和射击，火力是其他战舰的 2 倍。这种战舰很快就因无敌而闻名，它们还是第一次世界大战期间最重要的战舰。

第二次世界大战时期，最大的战舰是日本在 1940 年建造的"大和"号和"武藏"号，最大负荷可达 71659 吨，比英国"无畏"号战舰多 5 万吨。如今，两次世界大战时期的各式战舰都已经被航空母舰、具有导弹装备的军舰和核潜艇所取代；钢制船体或其他光亮耐用的金属船体已经取代了铁制船体。

▲ 英国"无畏"号战舰建于 1906 年，它采用当时最先进的技术设计而成，并成为第一次世界大战期间大部分战舰的设计样板。

豪华邮轮

20世纪上半叶,轮船配备了高效率的引擎,航行速度变得更快。为了争夺客源,航运公司之间展开了激烈的竞争,这种情形尤其体现在跨大西洋航线上。几大航运公司竞相为乘客提供更大的活动空间、更舒适的环境和更丰富的娱乐活动。

这些航运公司还争相为乘客提供更快捷的服务。最快穿越大西洋的轮船会被授予"蓝带"奖。1908年,冠达海运公司的"卢西塔尼亚"号赢得了"蓝带"奖,它用4天时间穿越了大西洋。1909年,同为冠达海运公司的英国皇家邮船"毛里塔尼亚"号,取代"卢西塔尼亚"号获得"蓝带"奖,并一直保持该纪录达20年之久。德国邮轮"不来梅"号和"欧罗巴"号、意大利邮轮"雷克斯猫"号、法国邮轮"诺曼底"号也曾荣获此项殊荣。1938年,冠达海运公司的"玛丽女王"号被授予"蓝带"奖,它穿越大西洋只需3天20小时40分钟。直到1952年,"美国"号才将此项纪录打破。

第二次世界大战结束以后,海洋邮轮的盛世又持续了大约12年。当时,大约有60艘大型邮轮穿梭于大西洋两岸。然而,随着航空旅行的兴起,乘坐邮轮出行的人越来越少。1958年,第一次无间断的商业飞行开通,从纽约飞到伦敦只需要12小时,而普通邮轮则需花费5~6天。如今,邮轮旅行几乎销声匿迹。但是,乘坐豪华邮轮进行海上观光的人却越来越多。

▲ 图为"玛丽皇后"号的主休息室。作为商用邮轮,它能够搭载大约3000名乘客。但是,作为第二次世界大战期间的军用邮轮,它却容纳了约1万名士兵。

汽车的历史

在汽车向大众大规模销售的几个世纪以前，人们就产生了设计一种机动车的想法，但那时，这种机器远远不具备生产可行性。1479年，一个名叫瓦尔图里奥的意大利人设计出一辆四轮的、坦克形状的车，驾驶者需要坐在完全封闭的车身中，用手摇动曲柄驱动它前进。这辆车看起来就像是一只卧在轮子上的巨大的海龟。

17世纪，人们就已经开始制造机动车了。1771年，法国军事工程师尼古拉斯·屈尼奥制造出世界上第一辆以蒸汽为动力的车辆。它有着木质的框架，由三个轮子支撑着，车身前部有一个巨大的锅炉，为驱动前轮的双缸引擎提供蒸汽。它的最高速度只有6千米/小时。屈尼奥仅仅制造了两辆这样的"拖拉机"，幸运的是，第二辆一直保存到现在，今天我们还可以在巴黎的一家博物馆里看到它。

▲ 图中是尼古拉斯·屈尼奥的蒸汽"拖拉机"，它是世界上第一辆蒸汽动力车，而且，在它身上，已经显现出现代汽车前轮驱动的原始雏形。

动力的进步

许多年过去了，仍然没人能成功制造出蒸汽引擎，尽管在19世纪30年代，有少量靠蒸汽驱动的公共汽车在伦敦街头行驶。内燃机的发明为具有实用价值的汽车的出现铺平了道路。

19世纪80年代，两位德国工程师戈特利布·戴姆勒和卡尔·本茨各自制造出配备着汽油发动机的汽车。两辆车的外观迥然不同。戴姆勒更注重引擎而不是整车，他将单缸直立引擎安装在了一辆改装的四轮马车上。本茨则从零开始，他用自行车轮子、管状框架和水平的单缸引擎，造出了一辆三轮汽车。1886年，这两辆车就已经畅行无阻了，只是无人购买。"汽车"这个

▲ 这是卡尔·本茨在 1886 年测试的三轮汽车，它是现代汽油动力车的祖先。它的引擎功率只有 0.75 马力，最高速度只有 20 千米/小时。两年之后，本茨的妻子乘坐一辆类似的汽车旅行了 80 千米。

理念太超前了，没有人想去尝试。

但是，本茨并不气馁。1889 年，他开始卖出少量的汽车——仍然是三个轮子的。本茨的汽车在法国比在他的祖国德国卖得更好。戴姆勒在法国的成绩也不错，他不卖整车，而是将引擎卖给两家公司，这两家公司就是后来著名的潘哈德公司和标致公司。

戴姆勒的引擎有两个汽缸，排列成 V 字形。1891 年，潘哈德公司进行了一项全新的设计，定下了以后若干年的引擎模式。本茨是把引擎放在车架后部的，而潘哈德公司决定把引擎放在车架的前部，并用一个罩（引擎罩）把它覆盖起来。

汽车的传动装置也发生了革命性的变化。潘哈德公司没有采用卡尔·本茨喜欢的传送带和滑轮装置，而是设计出一套齿轮系统，在这个系统中，尺寸不等的齿轮互相啮合，可以产生三档不同的前进速度。最初，齿轮组完全暴露在道路上扬起的尘土和泥浆中，但是 1895 年，一个叫变速箱的装置把它们包了起来。在齿轮组的后面是一个横向的传动轴，这个传动轴有两条侧链，牵引后轮前进。

到 1896 年的时候，汽车已经开始在许多国家生产了。本茨和戴姆勒成了德国汽车制造商的领袖。本茨在那一年生产了 181 辆汽车，比英国和美国当年产量的总和还要多。在美国，图利亚公司生产了 13 辆汽车。这一年，比利时、意大利和瑞士也纷纷推出了自己的试验车型。

◀ 斯坦利在 1898－1927 年是美国最著名的蒸汽汽车。图中是一辆 1905 年的斯坦利汽车，它的最高速度可以达到 110 千米/小时。

▲ 20世纪50年代中期，受燃料短缺的刺激，"泡泡车"非常流行。最著名的就是"伊塞塔"，它是意大利冰箱制造商伦佐·里沃尔基设计的，但主要是由德国宝马公司生产的。"伊塞塔"只有一个车门，位于前部，引擎则安装在后部。

在接下来的几年里，设计上的进步与日俱进。驾驶舵柄被方向盘取代，双缸引擎变得稀松平常。1889年，潘哈德公司首次使用了四缸引擎，使驾驶更加平稳。1904年，又增加到6个汽缸；1910年，8缸引擎投入生产；1915年，12缸引擎问世；到1930年，一些豪华的美国轿车上已经出现了16缸的引擎。

随着引擎的功率越来越强大，汽车可以承受更长的轴距和封闭的车身所增加的重量了。4个座位的汽车在20世纪初已经非常普遍，封闭式单排座双人小汽车在医生中间非常流行，因为他们需要在各种天气里出诊。许多富人在拥有汽车的同时，还拥有一辆或多辆马车，一般在好天气里才开汽车出门。

▲ 奥斯汀7型汽车是第一次世界大战和第二次世界大战之间英国最著名的小型车，生产数量超过37.5万辆。它拥有一部四缸引擎、传统的变速箱和四轮刹车系统。图中是一款原始车型，它的引擎只能提供10.5马力的功率，最高速度只有70千米/小时。

梅赛德斯时代

20世纪初，最著名的汽车之一就是梅赛德斯。梅赛德斯是由德国戴姆勒公司制造，以一个13岁小女孩的名字命名的。1900年生产的35马力的梅赛德斯比当时的其他汽车都要低矮，车身也更长，并且拥有更先进的变速箱和蜂巢式散热器（这与今天的散热器基本相同）。梅赛德斯的亮相使其他汽车显得十分老旧过时，它的款式在接下来的10年中一直引领着汽车风尚。很快，更强劲的引擎（40马力、60马力和90马力）出现了，梅赛德斯锐不可当。

其他动力

20世纪初，大部分汽车的发动机都是内燃机，但是也有为数不少的蒸汽发动机和电动发动机，尤其是在美国。

蒸汽汽车有一个锅炉，由双缸直立引擎通过链条驱动后轮，最高速度可达40千米/小时。与汽油车相比，蒸汽汽车有两个很大的优点：一是除加速时轻微的"嘶嘶"声外几乎没有声响；二是没有变速箱。不过与此相对的是巨大的缺陷。在寒冷的早晨发动汽车时，需要提前40分钟准备蒸汽。而且即使拥有容量为85升的水箱，蒸汽汽车也不得不每行驶30千米就停下来加一次水。

电动汽车同样具有安静和不用换挡的优点，20世纪20年代之前，它们在美国的城市中一直非常受欢迎。这种汽车的主要缺陷是，电池在行驶80～100千米之后就需要充电，每充一次电大约要花12小时，因此它无法满足长途旅行的需要。

▶ 第二次世界大战之后，德国大众公司的"甲壳虫"成为全世界最受欢迎的小汽车，产量超过2100万辆。图中这款生产于1947年。

亨利·福特和批量生产

亨利·福特开了汽车批量生产的先河。1908年，福特开始生产T型车。这是一种普通的汽车，配备着22马力的四缸引擎，售价为850美元。1913年，他建立起一条流水线，T型车开始被大规模生产，这意味着福特可以降低汽车的售价。1923年，T型车的价格创纪录地降到了260美元。福特汽车同时也在英国、法国和德国生产。

福特公司一马当先，其他公司如果想要保住产品和利润，就不得不紧随其后。到20世纪20年代，美国的别克、雪弗兰和道奇等公司已经建立起成熟的批量生产作业。英国、法国、德国和意大利的厂商也陆续跻身于批量生产的行列。

▲ 亨利·福特的T型车被大规模生产（在短短19年中，产量超过1500万辆），并销往世界各地。这是一辆1912年的敞篷车，在舒适安全的前座后面，还增设有两个"后座"。

简易驾驶的革命

20世纪20年代，四轮刹车成为汽车行业一项重要的技术进步。这项技术在短短10年内，就几乎在所有汽车上普及了。1929年，同步啮合式变速箱的使用让换挡不再麻烦。1939年，奥兹莫比尔公司又引入了自动变速箱。从20世纪70年代起，几乎所有汽车都可以装备自动挡，一些制造商，如劳斯莱斯、本特利等，只使用自动变速箱。

战争期间，封闭式汽车逐渐取代了敞篷车。在美国，封闭式汽车的销售量在1925年首次超过了敞篷车；到了1935年，四门敞篷旅行车已经基本消失了。便捷的两门汽车迅速普及开来，这种汽车具有可以上下摇动的车窗。

"后劲"十足

20世纪30年代以前，几乎所有的汽车都将引擎置于汽车的前部，并通过齿轮变速箱带动后轮前进。1934年，捷克人塔特拉把V8引擎和变速箱都安装在了乘客座舱的后面。这样汽车就不需要很长的传动轴了，而且整个车身更富流线型的美感。

1937年，大众公司的汽车也开始采用同样的设计。由此诞生了绰号为"甲壳虫"的著名车型。其他厂家也纷纷把引擎安装到后部，如雷诺、菲亚特等。

▲ 革命性的 Mini 问世后就取得了巨大的成功。它拥有一部横向安装的 0.848 升的引擎，靠前轮驱动。后来 Mini 的引擎达到了 1.275 升。

▲ 20 世纪末期，横向引擎、前轮驱动已经成为所有小型轿车的标准设计。这辆日产"米克拉"就是一个典型，它还配有先进的操纵系统、自动传动装置和电动车窗。

前轮驱动

1959 年，英国 Mini 公司开始把引擎安装在前部驱动前轮。这种设计很快成为小型和中型汽车的常见式样，如福特"护卫者"、雷诺"克里奥"和日产"米克拉"。

而像捷豹、劳斯莱斯、宝马和奔驰这样的大型车，则依然沿用传统的后轮驱动的设计。速度惊人的跑车，如法拉利 F512 和兰博基尼"魔鬼"，都采用了中置引擎的模式，这为跑车提供了完美的操纵性。

从 20 世纪 70 年代开始，舒适、简便和安全成为汽车设计中最重要的理念。动力操纵、电动车窗、空调和车载电脑已经成为家常便饭。全世界的司机都被强制系好安全带，安全气囊也成为保障安全的必需品。

柴油发动机因为更加经济，在很多重型车中仍然被使用。电动车由于更加环保，近年来也日渐流行。

火器的历史

1267年，英国科学家罗杰·培根成为第一位记录火药配方的西方人。他记录的火药只包含硝石、木炭和硫黄三种常见的成分。但是，不久以后，这种成分简单的混合物成为强大的武器，彻底改变了战争的面貌。

火药并不是由培根发明的，早在八九世纪，中国人就开始使用火药了。火器也不是由培根发明的，这项荣誉仍然属于中国人。1240年左右，中国人发明了第一门真正意义上的火炮。但是，培根的记录使火药配方迅速传遍整个欧洲。不久，欧洲就拥有了和中国一样多的军械工人，到了15世纪，欧洲军械工人的数量远远超过了中国。

▲ 外敌的进攻被火药轻松阻止了，当时的中国皇帝不仅无须亲自出马，还可以悠闲地和嫔妃们闲谈。13世纪，中国人每天可以制造2.1万枚炮弹，这在当时无人能敌。

▲ 这幅由一位德国人绘制的插画创作于1483年，插画描述的内容是手持手枪的士兵在树丛的掩护下对敌人进行射击。在空旷地带射击敌人的枪手，在瞄准并点火的时候，很有可能遭受攻击。

▲ 15世纪60年代，一群携带枪的士兵正在围攻一座城堡。欧洲人从14世纪开始使用枪，但是那时的枪的射程和精准度都无法与传统的弓箭相媲美。

欧洲最早的火炮是由一根厚厚的铁筒组成的，铁筒的一端是封闭的，并填有火药。点燃引线，火药就会爆炸，发射物便从炮筒的另一端射出。但是，这种初级的火器还没有弓箭之类的传统武器实用。

攻破城池

接下来，火器在欧洲迅速发展。到了1350年，火器已经和其他常规武器一样普遍。在中世纪的欧洲，人们认为城墙的厚度决定了一座城市的防御能力，城墙越厚，就越需要大炮才能将它轰塌。于是，军械工人开始制造巨大的发射装置。1453年，当奥斯曼土耳其人攻打拜占庭的首都君士坦丁堡时，他们使用了约70门巨炮——其中一门重达19吨！54天后，这些大炮攻破了君士坦丁堡固若金汤的城墙。

但是，这些武器实在太笨重了，运输困难，不易瞄准，装填弹药也非常麻烦。而且，大炮越大，就越容易损坏，也越容易发生爆炸。于是轻巧的小型火炮应运而生。1494年，在法国国王查理八世率领数万名士兵横跨阿尔卑斯山脉进军意大利时，这种便于运输并能快速射击的小型火炮首次亮相。查理八世利用这些小型火炮，在接下来的战争中大获全胜。

尽管火炮的发展日臻成熟，但它们在瞄准时仍然不够精准。直到19世纪，随着炼钢业的发展以及机床的应用，军械工人才做出了三项关键的改进。以前，炮弹是从炮口装卸的，现在改为从炮筒的尾部装卸；实心的铁质球形炮弹被尖头的圆柱形炮弹所取代，这种新型炮弹是空心的，里面填充了炸药，在击中目标后会被引爆；炮筒内部增加了被称为膛线的螺旋纹，使炮弹旋转射出，从而保持了炮弹在飞行中的稳定性。

火绳枪时代

枪与火炮同步发展。早期的枪其实就是小型火炮，由单个士兵随身携带并独立射击。但是怎样在瞄准目标的同时引爆火药呢？军械工人想出了"火绳"的主意，就是将一段燃烧缓慢的导火索通过附加装置安装在枪的一侧。士兵瞄准目标后，拉一下导火索，使它的燃烧端接触到枪的点火孔。这种枪被称为火绳枪，直到17世纪末仍在使用。

15世纪50年代，长筒火绳钩枪的出现提高了射击精准度。这种枪的射程只有75米左右，比弓弩的射程还短，而且每次装填弹药都要花费好几分钟。然而，这种枪的精准度很高，枪手很容易击中敌人。

16世纪50年代，步枪取代了火绳钩枪。步枪比火绳钩枪更加笨重，装填弹药花费的时间也更长，而且操作起来很不方便，需要用叉形支架辅助瞄准。但步枪威力更大，它的一枚约57克的铅弹能够击穿80米范围内最厚的铠甲。到了17世纪末，射击速度更快的燧发枪开始取代火绳钩枪，它由燧石击发的火花引爆火药。有了燧发枪，军队的射击速度提高了2倍。但燧发枪的精准度令人不敢恭维：虽然它的射程是180米左右，但是枪手要想击中180米处的目标，几乎只能凭运气。与火炮一样，后来燧发枪上也安装了内部刻有螺纹的枪筒，这既增加了射程，又提高了精准度，从此，它被称为米复枪。后来，手枪也开始采用在火炮中广泛使用的后膛结构（从枪膛的尾部装卸子弹）。使用了后膛设计的枪在750米射程内都可以准确击中目标。

提高射击速度

19世纪60年代，金属外壳子弹日渐普遍。金属外壳子弹就是一个小铁管，里面装有铅弹和一小撮炸药。扣动扳机，火药就会受到撞击并发生爆炸，爆炸产生的力量会推动铅弹沿着枪

▲ 在第一次世界大战期间，德国的巨型大炮正在向100千米外的巴黎开火。这门巨炮被安放在铁轨上，它可以发射90千克的炮弹，需要至少60人合作操纵。

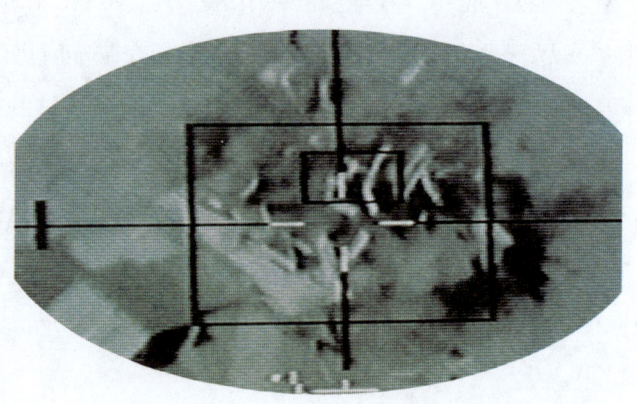
▲ 在1991年的海湾战争中，一名西方战斗机飞行员瞄准了伊拉克的一座军火库。火力优势在这场战争中起着至关重要的作用。

筒飞速前进。用过的弹壳会从侧面的狭槽被推出。19世纪60年代的来复枪每次只能装填一发子弹，到了19世纪70年代，来复枪开始使用弹夹。弹夹是一种用来固定子弹的容器，它使枪手装填一次子弹就可以连续射击数次。后来，机枪诞生了。它采用弹链或弹鼓供弹，能够连续快速射击。

1914—1918年，世界上的发达国家之间爆发了第一次世界大战，把火器的发展推到了顶峰。各个国家的枪支大炮被纷纷推上前线，一时间烟雾弥漫、火光冲天，士兵和平民死伤无数。20多年后，灾难又在第二次世界大战中重演。

如今，武器的发展方向是高科技手段——激光瞄准、热追踪导弹、计算机制导导弹，以及在飞行途中无论目标如何闪避都能穷追不舍的智能导弹。

世界服饰
（公元前 6000—公元 1800 年）

对一丝不挂地来到世间的人类来说，衣服显得尤为重要。我们在工作、学习和游戏中都需要穿着不同的衣服。然而，自从克罗马农人把珠子缝到熊皮上作为装饰开始，衣服就不再仅仅是一件必需品了，它成了人类表达自我的一个重要途径。

我们无从得知早期的人类是如何将动物的皮毛缝制起来为自己保暖的，因为他们没有留下任何记录。石刻上的画有助于我们了解他们猎杀的动物，但对猎人漂亮的兽皮斗篷却所述甚少。

真正使我们了解古代人服装款式的是他们的墓穴。因此，我们可以肯定，在公元前 6000 年左右，中东文明地区的人们已经学会从亚麻植物中抽取亚麻线。他们还知道如何将亚麻和羊毛纺成线并织成布料。我们还知道苏美尔的男人穿着褶裥短裙，而妇女穿着合身的长裙。不过，我们了解最多的早期服饰还是埃及人的衣服。

早期埃及人的衣服几乎全部是亚麻布做的。男人穿的是腰布或褶裥短裙，妇女穿的是用肩带支撑起来的管状长裙。后来的绘画显示，不管男人还是女人都几乎穿着透明的、打着精致皱褶的衣服——男人穿的是系腰带的束腰外衣，女人穿的是绑着彩带的打褶的裙子。他们脚上穿

◀ 公元前 6 世纪，波斯皇帝的近卫队穿着长袖下垂的印花盛装，他们的弓箭装在带有图案的箭筒里。手链和卷曲的胡须使整体装束更加完善。

▲ 图中是一位希腊战士和他的新娘。新郎穿着短袖束腰军服，戴着头盔和护腿，披着一条叫作"寒麻髦"的披肩。新娘穿着一件绣花的长长的"帕拉"——这是一种几乎透明的亚麻束腰外衣，她的长披肩是扇贝形的。

▲ 埃及人在炎热的季节里，无论男女，经常都只围着一种腰布。图中是正式的着装，男人穿着一件装饰性的短裙，而女人穿着亚麻做的半透明的打褶长袍。

的是用芦苇或皮革做的凉鞋，而且无论男女都会戴上帽子遮挡阳光。

许多早期文明的服装都很简单。公元前500年左右，希腊人的基本服装开筒袍就是一块长方形亚麻布，在肩部固定住——长款的是女装，短款的是男装。在这种衣服外面，还可以披上不同长度和形状的布料，作为披肩或斗篷。伊特鲁里亚人是最早穿托加袍（另一种长方形布料）的人，他们把这种风格传到了罗马，而罗马人同时也吸收了希腊服装的风格。

在几乎同一个时代，在气候寒冷的北欧地区，凯尔特人用羊毛和兽皮来代替亚麻做衣服，不过他们的衣服样式仍然相当简单。男人和女人都穿束腰外衣，并用动物的角或骨头把两边的衣服扣在一起。他们的斗篷用精美的饰针别起来。1000多年以后，维京人仍旧穿着类似的服装。

哥特时代的服饰

黑暗的中世纪早期，欧洲服饰的发展惊人地缓慢。甚至连衣服镶边的长度在几百年里都没有发生明显变化。因此，哥特时代（1200—1450年）的风格变化应该算是革命性的。1200年左右，妇女穿的是宽松、下垂的衣服，这种衣服非常长，以至于她们在行走的时候不得不把衣服提起来。男性服装主要是一件带袖的贴身长内衣，外面套着一件低腰束带的有袖上衣，长及小腿或脚踝。在这外面还要再套一件无袖外衣——它过去曾经作为穿在盔甲外面的罩袍，但现在已经成为日常装束的一部分。男性服装的长度绝不允许下摆在膝盖以上。

随着纽扣的发明,服装发生了巨大的变化,纽扣是由约翰骑士团传到欧洲的。牢固的扣子和良好的剪裁意味着服装可以更加合身。男人开始穿着贴身的长袍,这种袍子有纽扣,袖子长及肘部,袖口还有垂下的穗。后来,袍子变得越来越短,以至于为了庄重起见,男人们不得不用布遮住下体。

女性的衣服也日益变得正式、优雅:高腰的设计、贴身合体的袖子、长裙曳地。15世纪尤为特别的是头饰——从形状上看,有一些像牛角,有一些像倒置的锥形冰激凌蛋卷,但无一例外都带有面纱,衬着天鹅绒,并尽可能多地装饰着珠宝(一定既笨重又不舒服)。同样夸张的是鞋子,无论男鞋还是女鞋都是用柔软的皮革或天鹅绒做成的,鞋尖又长又翘,以至于人们不得不用镶嵌珠宝的链子把鞋尖拴在膝部,以防摔倒。

都铎王朝和伊丽莎白时代的服饰

文艺复兴时期,欧洲的服饰回归到简洁复古的样式。低矮的方头巾取代了哥特时代夸张的

▲ 这幅1503年的画作显示了英国都铎王朝早期流行的华丽面料和简单款式。儿童也穿着款式与成人极其相似的衣服。妇女将头发蒙住是那时的习俗。

▲ 16世纪,英国的诺福克公爵夫人穿着一件天鹅绒外衣,上身是扁平的紧身胸衣,下身是褶裥长裙。裙子前面露出的刺绣与袖套相配。

头饰。然而，当两位年轻的国王——英国都铎王朝的亨利八世和法国的弗朗索瓦一世在16世纪20年代掌权后，两国的宫廷常常争奇斗富，因此朴素的风格再度消失。硬朗的服装变得越来越宽大，马裤长度及膝，马甲里塞满厚厚的填充物，外套肩型宽阔，平顶的帽子用天鹅绒制成。妇女的紧身胸衣是用木头绷紧压平的，裙子在前面开叉，露出华丽的刺绣内衬。

在16世纪晚期伊丽莎白女王统治期间，英国女性的服装夸张到了极致。衣领越来越高，最后形成了一个巨大的轮状或扇形的领子，只露出脸来。紧身胸衣被金属和木头束得更紧，以至于许多妇女受伤甚至死亡。裙子由绷紧的金属或藤条撑开，金属或藤条缝在裙子里，叫作撑裙环。男人穿着厚重的马甲，并且像女人一样在衣服上装饰着珠宝。无论男女，鞋子都有高高的鞋跟。

斯图亚特王朝的服饰

从1600年到1670年，马甲和马裤一直是欧洲男士的标准装束，而且在17世纪30年代以前，马甲一直填充着极厚的衬垫。马甲通常是高腰的，马裤则通过蕾丝与马甲连在一起。17世纪40年代，马甲的腰线上移，马裤的边缘便暴露在臀部，衬衫也露了出来。渐渐地，长马裤开始变短，只到膝盖，后来又被宽松下垂的灯笼形马裤所取代。从17世纪60年代起，由于长马甲和外衣、马裤的搭配，紧身马甲被淘汰了。这种风格和其他的法国流行时尚一样，被查理二世引入了英国，它被称为波斯马甲，是18世纪的套装的雏形。

▲ 在17世纪20年代和30年代，单色的天鹅绒成为男性服装的主流面料。轮形皱领逐渐被翻领所取代，时髦的男性都戴着长长的假发，女士的裙子故意露出精美的衬裙。

► 图中是17世纪50年代的一个穿着清教徒式服装的荷兰家庭。服装的面料很华丽，但是款式和装饰都非常简单。成年人穿的都是黑色衣服，图中左边的小男孩穿的衣服，是画面中颜色最为鲜亮的。

这一时期还出现了小巧的、有图案的织物，而且刺绣大受欢迎，这些刺绣通常是妇女们在家里用彩色的丝线，在素色的亚麻布或者丝绸上绣成的。从17世纪30年代开始，素色的丝绸和锦缎比较受人追捧。另外，男女外衣大多都有立领或翻领。

斯图亚特王朝的复古气息预示着繁复、奢华的织物再度流行。大量巴洛克式的花边装饰着精美的服装，织物上经常绣着昂贵的金丝和银丝。硕大的卷曲的假发成为时尚，并且在以后100多年里，成为上流社会男性的必备装束。

18世纪的服饰

18世纪70年代以前，"富丽"是时装史上的一个关键词汇。男士和女士都穿着贵重的丝绸服装，衣服上装饰着大量的刺绣和珠宝纽扣。尽管样式变化不大，但布料随着季节的变化而改变，浅色、轻薄的面料在春装和夏装中被广泛使用。

▲ 图为18世纪80年代后期英国的乡村风格。男子穿着鹿皮马裤，搭配带领的马甲和长大衣。女士的衣服是用白色的平纹细布做的，脖子上围着一块三角形披肩。他们的高顶礼帽都是早期的样式。

▲ 图为18世纪的一位印度公主在她的梳洗间内。印度的许多服装都是由又轻又薄的上好材料制成的。从16世纪晚期开始，印度织物的图案和色彩在欧洲越来越流行。

18世纪两种典型的风格是60年代兴起的布袋裙和70年代后期兴起的连衣裙。布袋裙有宽松的褶裥从肩部垂落下来，而连衣裙的特别之处在于印花丝绸做的垂花饰长裙以及缝在外裙里面的丝绸衬裙。在宫廷外面，法国王后玛丽·安东尼会穿上印花棉布连衣裙，装扮成一个牧羊女。

18世纪70年代，时尚从奢华转向持重。男性的服装中，华丽的马甲被保留下来，但外衣的面料变成朴素的、质地良好的织物，如羊毛、天鹅绒或丝绸。骑马时穿的服装（骑装）开始在日常生活中流行。起初，只有年轻人喜欢这种轻便舒适的骑装——贴身的轻便外套、短小的马甲、紧身的马裤和长靴。后来，时尚名流博·布鲁梅尔使这种款式成为必备的时装。

同时，女装的风格变得更为严肃。敞开的长袍配上装饰性的衬裙依然是宫廷的必备装束。上下一体的大衣成为日常的打扮。穿上这种大衣，女人们的侧影会显得更加清瘦利落。18世纪末，女装又出现了一次向古典的朴素风格的回归。

世界服饰
(1800—1990年)

> 从1800年到1990年，在这190年的时间里，时尚经历了巨大的变革。时尚曾经只是富人的特权，但如今，每个人都可以用合理的价钱追随时尚——亿万富翁和乞丐都喜欢穿牛仔裤、T恤衫。

19世纪初，法国开始对男性服装进行改革。他们认为，男人的穿着应该更富有智慧。这对于在几个世纪里穿刺绣服饰、戴珠宝的男人来说，无异于晴天霹雳。而今天，在巴黎的任何一个公园里散步，我们都能看见女性的服饰很简洁——用轻薄面料缝制的低开领的高腰服装，再披上一条薄薄的披肩；她们身边的男士则穿着裁剪合体的深色衣裳，打着高高的领结，皮靴闪闪发光，发型使他们看起来更有男人味。就算男人们的这身穿戴看起来并不具有非凡智慧，但至少显得理智。

衬裙和烦琐的服装

新古典主义风格的女性服装只流行了很短一段时间。19世纪20年代到30年代，受沃尔特·司各特小说的影响，具有浪漫主义风格的服装开始流行。这类服装的统一特点是：收腰、窄袖、充满风情的花边领。到了19世纪40年代和50年代，英国维多利亚时代的服饰风格开始流行：宽松的裙子里有裙撑和大量衬裙，腰身收得很紧、有长长的套袖和披肩，以及体面的发型。这是维多利亚女王和她的丈夫艾伯特亲王的服饰风格的缩影，深受中产阶级的欢迎。与此同时，男性服装显得简洁而具有理性。20世纪初，著名的花花公子布鲁梅尔强调，绅士的服装"应该通过并不引人注目的细节被识别出来"，男人的社会优越感不应该通过色彩和饰物来表达，而应该通过优良的面料、精心的裁剪、完美的修饰来体现。

布鲁梅尔的观点深得保守男士之心，而这一思想在当今时尚界同样很重要。不过在19世纪时，它只是意味着男性的服装要深色、式样朴素、实用。紧身裤、长裤取代了长及膝盖的马裤

▼ 19世纪初，当男性服饰向理性和简洁改变的时候，女人的服装仍然既漂亮又烦琐。这种用轻薄面料裁制的新古典主义风格的衣裳，是专门针对巴黎的秋天设计的。

▲ 经历了英国摄政时期的简洁服饰之风后，19世纪30年代出现了以浪漫主义风格为主的繁复服饰。女人的衣裳上有层叠的蕾丝花边和衬裙。男人的骑装外套收腰、后摆宽松，上身穿胸部有衬垫的马甲，下身穿马裤。

▲ 这是英国画家亚瑟·休斯的《四月之恋》，创作于1855年。图中的女主人公穿着维多利亚时代的紫色长裙，披着一条薄纱般的长披肩。在当时，这只是一种简单的日常打扮。

▲ 在维多利亚时期，宫廷里流行波尔卡舞——这是维多利亚女王和她的丈夫艾伯特亲王。当时，男人们已经开始穿长裤了。不过在宫廷的晚会上，男人们仍然穿着白色的、长及膝盖的短裤。

和长筒袜，领子、领结取代了厚重的蕾丝翻边，只有充满异国情调的马甲变化不大，外套的样式和长度年年都在改变，但男性服装的整体流行趋于保守主义。在19世纪末，男性的日常正装通常是一套黑色或蓝黑色羊毛套装。这种着装可以通过不同面料的裤子和马甲加以变化。通过这类服装，又衍生出20世纪初商业服装中的深色夹克和条纹裤子。男性的晚装则是白衬衫、马甲、燕尾服，这种风格一直保留到了21世纪。

男性的简洁服装将女装衬托得更为烦琐。在维多利亚时代，女性的服装上流行各种各样的饰物。到了19世纪60年代，裙撑开始被腰垫取代。尽管这种风格在19世纪70年代消失了一段时间，但在19世纪80年代又重新出现，并演变得更为奇特。在19世纪90年代，人们又将兴趣转向了袖子。肥大的、有衬垫的袖子与细腰和宽松的裙裾，

▲ 这张图画来自一本19世纪60年代维多利亚时期的流行杂志。一个年轻女孩正在为舞会梳妆打扮，她的母亲准备去伦敦的邦德街上购物。她们的衣服上都有很多装饰。女孩儿的衣服上有很多缎带和花边，母亲的衣服边缘镶着貂皮。

▲ 这是画家查尔斯·达纳·吉布森的作品。图中这个女人穿着19世纪90年代美国风格的服装。这名"吉布森女孩"的服饰很简洁，衣服上没有烦琐的装饰，显得很活泼。

▲ 这是法国画家詹姆斯·提索斯的经典画作《旅行者》。女主人公穿着19世纪80年代有典型的荷叶边和褶饰边的丝绸服装，外套背部的褶饰少，出行比较方便。

恰好形成了鲜明的对比。

19世纪50年代，人们开始使用苯胺染料，明亮鲜艳的色彩开始流行并大受欢迎。这时，时尚杂志开始出版发行，缝纫机的出现也使服装的批量生产成为可能。技术的进步使得服装的风格演变更为频繁。19世纪末，在大型百货商场里购买成衣开始流行，并成为上流社会有钱有时间的贵妇们的一种消遣。

迈向简洁

现在，让我们来看看祖辈们的服装……很难想象女人的形体在短短几个世纪里竟然会发生如此巨大的变化。当然，女人的体形并没有变化，但是人们关于美的观念却发生了改变。在服装的每一次流行浪潮中，人们对人体美的看法不同，就会针对服装的相应部位进行强化或弱化。所以，有时候流行服装会强化胸部的细节，有时候又强化腰部细节或腿部的细节。

今天，我们可以依靠合理的饮食和锻炼来保持体形的苗条，但是在第二次世界大战以前，紧身衣却给时尚界带来了深远影响。

从19世纪70年代开始，越来越多的女性开始和她们的兄弟一样接受教育，慢慢地，女性开始从紧身内衣的束缚下解放出来。

被束缚在厚重的服饰中时，从事户外体育运动就会变得很困难，而且在运动的时候呼吸不畅。因此，草地网球运动导致了轻盈的面料（白色，汗迹难以显露）流行，同时服装的式样也更简洁。当自行车运动流行起来后，又出现了灯笼裤。当时，尽管女性的裙子长度仍然及地，但裁缝们专门为方便女性散步制作的服饰，看起来既妩媚又活泼。

英国摄政时期　　维多利亚初期　　19世纪60年代　　维多利亚晚期　　英国爱德华七世时期　　第一次世界大战战前　　20世纪20年代
1811—1820年　　19世纪40年代　　　　　　　　　　19世纪90年代　　1900—1910年　　　　　1910—1914年

20 世纪初的服装变革

在 20 世纪的最初几年,成熟女性的服装进入了历史上的全盛时期。此时,女性不但有专门在上午穿的服饰,还有喝下午茶时穿的长袍、跳舞时穿的裙子以及散步时穿的服装(与她们坐火车和汽车的服饰不同)。此外,她们还有各种不同款式的帽子。她们的手臂上有舒适而不引人注目的套袖。她们的丈夫则留着胡须,根据不同场合穿不同的衣裳,要么穿长袍外套,戴高礼帽;要么穿鲜艳的格子布套装,戴圆顶礼帽。

女性在时尚方面真正获得自由的分水岭是第一次世界大战。越来越多的女性开始工作,实用的女装迅速流行起来。裙子的长度越来越短,露出了脚踝,使得活动起来更加方便。在乡村,女性干重活儿时穿裤子,但在公共场合她们仍然要穿裙子。繁重的工作和体育锻炼使女性的体形更为苗条,这对于 20 世纪服装外形的改变也很重要——在 20 世纪 20 年代,曾经流行过一种上衣没有腰身的"筒形"

▲ 这是在 1924—1925 年流行的一种晚装,它来自巴黎最大的时装店之一——沃斯的设计。低腰是 20 世纪 20 年代流行的经典风格,但裙子的褶边长度不一,有的长及膝盖,有的长及小腿或脚踝。珠链和手镯都是很重要的饰品。

第二次世界大战时期　　20 世纪 50 年代　　20 世纪 60 年代　　20 世纪 70 年代　　20 世纪 80 年代　　20 世纪 90 年代
20 世纪 40 年代

▲ 在一波又一波的流行中，男人的带状领结并没有太大改变，他们的服装看起来很正规。但是女人的服饰显得比较奇特。这张照片摄于1921年，女人服装上的大多数细节都被毛皮披肩遮盖了。外套和雨伞是在英国夏季必备的随身物品。

服装，并且与小巧的钟形女帽搭配。衣服褶边的长度根据场合不同而有所变化，日间的服装一般长及膝盖，晚间的则长及脚踝，但基本款式都是一样的。因此，那些身材不苗条的女性必须节食，否则只能把自己生硬地塞进"筒形"裙装中。

20世纪30年代，在服装中开始出现了柔美的曲线。但是，随着世界大战的来临，女性服饰开始具有硬朗的阳刚风格：宽肩、窄腰、短裙。残酷的战争扼杀了时尚，女装的式样变得很朴素，类似于男人的军服。对于缺乏女人味道的服装，聪明的女人们则通过精致的发型和口红来弥补这一缺憾。

时尚在普及

第二次世界大战后，非正式服装开始流行起来。在英国维多利亚时代，最时髦的女人大都在40岁左右，她们衣着考究；可是在第一次世界大战后，最时髦的女人大都在20~30岁，她们跳探戈，效仿好莱坞的明星。到了20世纪50年代，青少年开始对时尚界产生了重大影响，不良少男少女的穿着打扮引起了长辈们的愤怒，而他们又对自己后代的黑色圆高领、长发、迷你裙、长裙、紧身短裤等心生反感。

在流行中，唯一可以确定的是，年长的人似乎总是被年轻人的时尚激怒。在20世纪60年代，如果有谁没有模仿当年的时尚模特崔姬和甲壳虫乐队中的保罗·麦卡特尼，就会被当作老土。显然，流行已经开始由年轻人来引领了。能够节省下来的收入使年轻人有能力决定自己想穿什么，而且他们总是拒绝父母的"时尚"习惯。例如，在20世纪50年代，优雅的女人一定会戴着帽子和手套出现在公共场合，可是到了20世纪70年代，女人戴帽子和手套仅仅是因为好玩、漂亮、保暖，或者仅在结婚的时候戴一戴。

不管是对于男人还是对于女人，内衣都变得越来越小、越来越轻、越来越舒适，从而使自身在穿上内衣后，看起来更加自然。布料也发生了巨大变化，厚厚的丝绸、缎子、棉布和斜纹软呢，几乎都被混纺取代，它们的垂感更好，布料上的折痕也更少。硬领服饰以及用厚重的斜纹哔叽布做的节日装，被耐洗的运动夹克和家常裤或者粗斜纹棉布牛仔裤和夹克衫取代。虽然在20世纪70年代，男女皆宜的装束并没有持续太长时间，但女人们却可以穿着和男人一样休闲的服装。虽然非常昂贵的时装仍然是为有钱人设计的，但专为普通人设计衣服的设计师们，通常能够迅速模仿自己喜欢的那些样式，并对它们进行修改，使之适合大众的口味。

时尚曾经是有钱人穿着考究的历史，而今天，时尚属于每一个人。

▲ 杰奎琳·肯尼迪是美国总统肯尼迪的妻子，她是20世纪60年代初时尚界的缩影。图中，这套剪裁得体的别致服装，搭配小巧的帽子和手套，是她典型的穿着风格。

世界堡垒和城堡

从童话和牛仔喜剧，到血淋淋的吸血鬼的传说，堡垒和城堡一直都是我们头脑想象中的一部分。不过，真正的堡垒和城堡，确实如虚构故事中的一样，它们奇异、浪漫，而且令人震撼。

堡垒和城堡最初主要是军事建筑。无论是在美国初期那西部蛮荒地区的木头栅栏，还是在南非沙漠里用泥土和石头墙堆砌而成的堡垒，或者在卢瓦尔河上那塔状似的梦幻建筑——它们的作用只有一个，建造者们需要用它们来守卫自己的领地，保护自己，抵御侵略者。

从铁器时代到原子能时代，人们建造了无数的堡垒和城堡，它们至今还有很多。一些古老的堡垒仅仅是由堤坝和深沟构成，绵羊在上面静静地吃着青草。由于古代敌人对城堡的围攻以及现代强盗对城堡上砖石的偷盗，一些城堡到今天已成为风景独特的废墟，它们被陈列着，供人游览。有一些城堡为了旅游而修复，有的城堡却为了新的战争而重建，如马耳他的瓦莱塔，它第一次是由圣约翰的骑士修建加固的，最后一次被人修复加固是在第二次世界大战中。温莎公爵的城堡是英国王室家庭成员的住宅，也是英国的征服者威廉的堡垒，还被称为伦敦塔，同时又被作为王冠宝石的收藏库房。五角大楼——一个现代堡垒，它保护着美国的军事首脑；坚固的纳克斯堡则保护着美国金条的安全。

◀ 马耳他的瓦莱塔，在1565年由圣约翰进行第一次加固。当拿破仑在1798年夺取这里后，英国海军在纳尔逊的指挥下，对这里进行了两年的封锁，逼迫法国投降。在第二次世界大战期间，壁垒再一次被用来抵御飞机的扫射。在这期间，马耳他承受了德国和意大利军队长达三年的持续围攻。

构造的选择

老式城堡的建筑方法在很大程度上依赖于地形、可用的工具以及当地的建筑材料。山顶通常是十分有利的位置,在这上面,可以观察到正在靠近的敌人或者朋友。但是在大多数山顶,缺乏水源供给。旧塞勒姆——英格兰索尔兹伯里的原始城镇,就是一个古老的山顶堡垒。由于缺水,堡垒的统治者就驱使建造城镇的僧侣们在山下的河谷中修建了一个新的城市和教堂。沙漠山顶堡垒中的战士们,在困境中发明了一种独创性的方法贮水,要知道,水在战斗中可是攸关性命的。

在莱茵河那高高的、树木繁茂的峭壁上,有一些崎岖的城堡,它们被战略性地安排在一些河流的弯道之处。这些城堡都具有很多优势。堡垒的地基建在固体岩石上;堡垒的墙是由大量石头和木材构成的;堡垒所处的位置又令敌人难以对它们发动进攻;在堡垒下面,河流提供了充足的水源,也解决了交通运输;另外,这些堡垒给一些人带来了发财机会——当年,许多德国王子们的财富,就建立在对河流使用者的强行课税之上。

在较低的地面上,城堡有深沟和护城河的保护。在威尔士修建卡菲利城堡时,一条河被人工改向,形成了一个环绕城堡的人工湖。护城河是用来预防侵略者在城墙下挖掘地道的,那些

◀ 在德国南方的多瑙河上,巍然矗立着霍亨索伦王室的宫殿,它的外表就像其拥有者——霍亨索伦王朝一样令人敬畏。霍亨索伦王室自1415年到1918年统治勃兰登堡-普鲁士。巨大的城堡建立在欧洲江河的所有战略要地上,如莱茵河、隆河、塞纳河、卢瓦尔河以及多瑙河。

▲ 在英格兰多塞特的梅登城堡，铁器时代的所有遗迹就只剩泥土城墙了。这些城墙可能是用木材进行了加固，并在顶部建有木栅栏和瞭望塔。

▲ 11世纪在印度的奇陶加尔要塞，是拉其普特人修建的。他们是一些终生都在战斗的豪爽的土匪。这个城堡曾经陷落了三次。每次陷落时，妇女们都自杀以避免被敌人俘虏。

十分艰辛地凿挖城墙的人会被急流冲走，并悲惨地淹死在污水中——护城河是容纳城堡下水道污水的一个便利之地。在印度壮观的阿格拉城堡里，摔进护城河中的入侵者只能无助地被人工喂养的鳄鱼吃掉。

从投石机到火药

凯尔特人的山顶堡垒由复杂的沟渠和壁垒系统构成。有时，这些系统会用木头加固，上部装有木头栅栏和瞭望塔。这些堡垒曾经被罗马人攻克。罗马人每征服一个新领地，就要修建自己的堡垒，再把石头砌的要塞作为军队的基地。

罗马人离去后，他们的要塞随之衰落。但是，当欧洲在黑暗之中开始崛起时，城堡的建造再次大规模地开

▲ 西班牙的阿维拉城被幕墙环绕着。它始建于1090年，是在古罗马的城墙上修建的。当时的建筑师增加了88个圆形的棱堡，棱堡上装配了重型武器。弓箭手们站在城垛（城齿）凸起部分的后面，从下面（枪眼）进行射击。

大开眼界

道拉塔巴德堡

1327年，印度德里的苏丹——图格拉王朝的穆罕默德大帝，带领他的军队行军1100千米，从德里到达印度西部的马哈拉施特拉邦。在那里，在平原上鼓起的一座像鼹鼠形状的小山上，他建立了一个堡垒。堡垒里安装了所有中世纪人所能知道的残忍装置——尖的、锋利的、粉碎性的武器。但是，这并没有多大作用。17年后，敌人买通了守门的士兵，进入了堡垒，城堡陷落了，只有少数生还者返回了德里。

始了。由于时常受海盗和匈牙利人的侵袭，法兰西、德国以及意大利北部的强大的贵族们开始用泥土和木头修建防御设施。其中最简单的是一种环形设施，它包括一条被沟渠围绕的围栏，围栏里有泥土筑的城墙。从10世纪开始，一些更复杂的城堡被建立起来，这种城堡内设军营，外为城郭。城堡内的军营实际上是一个巨大的土堆，顶上装有重装备的木制要塞。军营通过一条可以开闭的吊桥与城郭相连，大大的城郭有栅栏和较低的加固围栏，上面建有工场、畜栏、小礼拜堂、生活住房等。军营和城郭都被一条深深的护城河环绕。战争发生时，通向城郭的桥梁将被破坏，城郭上的守卫者们会向军营内撤退。

在英国最早建起的诺曼底人的城堡就是军营和城郭兼有的类型。它们渐渐被结实的石头堡垒取代，用以震慑当地的大不列颠人。这种有代表性的方塔状的要塞或城楼，由内层和外层幕墙环绕，在拐角处有棱堡（瞭望塔），外面环绕一条护城河或干渠。大城堡的入口有一个吊桥。吊桥拉起时，大门就成了坚固的防御设施。大门本身还设有一个堡垒或警卫室，用一个滑动的吊闸来阻止不受欢迎的来访者。

▲ 这个外形浪漫的塞哥维亚船形堡垒是一个城堡，是供一个地区的统治者居住的加固了的宫殿建筑。在15世纪早期，西班牙的基督教统治者对城堡进行了重新设计。这些尖塔形的堡垒，是基督教的特色建筑；形成对照的是那些更坚固的方形要塞，它们是摩尔人修建的。

▲ 博马里斯古堡，是在爱德华一世在威尔士北部建造的最后一座城堡。它是一个杰出的"同心城堡"。来自较低的外墙的火力覆盖了护城河和沟渠。从内圈的棱堡中射出的激烈火力，曾使入侵者人仰马翻。这个主要的堡垒是内部幕墙的一部分。

伟大的中世纪传统城堡建筑始于诺曼底人，他们在战争中对这一建筑形式加以完善。欧洲的骑士们在阿拉伯人留下的基地上建立自己的堡垒。他们综合并改良了阿拉伯人的城堡建筑思想，形成了具有欧洲本土风格的城堡建筑思想。

出自两种截然不同的宗教信仰，在阿拉伯人和欧洲十字军之间的战争，没有任何宽容可言。对于那些在城堡中坚持到最后的士兵和十字军来说，除了战争还是战争。他们修建了有名的"同心城堡"——这种城堡，有两层甚至三层加固的城墙，一条护城河围绕城墙。城堡的内墙比外面一个城墙要高一些，这样，里面一圈城墙的守卫者就可以在外墙人员的头顶上方安全地射击。圆形的城堡或棱堡，比方形堡垒的射击角度更宽，而且不容易遭到敌人的地道战术的破坏。

从墙基开始，城墙有一个斜面，即竖斜面，它有很多用处。它可以支撑城墙；可以防止侵略者架

▲ 圣约翰的骑士团离开圣地以后，罗兹岛就成了他们的总部。这里距离小亚细亚只有10千米。

设梯子；在射击时，还能对敌人产生致命的效果：当守城者从上方投掷石块时，石块会在来犯的敌人中间弹跳、碎裂。城墙外的木头和石头的掩体，则可以防止那些落下的石头砸在自己人身上，这掩体就是大家都知道的堞口。而那些投掷发射物的洞孔就是射击孔。在一些城堡中，射击孔被设在隧道和警卫室的天花板中。通过这些洞孔，可以倾倒凉水熄灭火焰，也可以向侵略者倾倒热水或滚油，或者其他令人讨厌的东西。

它们主要是在日本、印度，以及那些远离基督教和伊斯兰教之战的国家的堡垒中被发现的。在中古世纪的印度，城堡流行这样一种风俗，为了让大象进入城堡，城堡的建设者们专门为大象修建了弯曲的入口通道。当时，要驱赶大象进门，都要先用铁条把它们串起来，把大象推挤着通过大门里特制的洞孔。这种设计迷人的大象通道，似乎吸引了各国的堡垒建造者们，他们对此加以仿制，用来迷惑入侵者。当大量入侵者被诱引进这样的"屠杀通道"时，就会被轻松地消灭。

武器装备

铁器时代的军队打仗主要是投掷石头，使用长矛。每个时代的城堡居民和侵略者，都有自己专用的武器，有些武器在后来的漫长岁月里，还被继续使用了一段时间。弩炮，一种用来弹射大石头的机器，从亚历山大大帝时期开始，一直沿用到了15世纪。弹弓、弓箭以及各种尺寸的弩，都使用了好几个世纪。投石机是一种聪明的发明。它能够把发射物抛出很远的距离，并具有相当的准确性。攻城槌、围城塔楼，以及可移动的护盾，都是逐步被发明出来的，并且在

亨利八世的海岸防御设施

为了应付同法国的无休止的战争，1538年，亨利八世开始在肯特郡和汉普郡的海岸，修建一系列不同大小的炮兵堡垒，装备简单的小堡垒和碉堡被修建在其他的战略港口和海港。这个肯特郡经营的要塞，是完美的对称设计，是欧洲军事思想的杰作。圆形的中心塔式要塞由六个半圆的棱堡包围。每层地板，甚至在地平面（没有展示）都装有大炮，以形成区域重叠的火力网。整个城堡由一条人工护城河环绕，唯一的入口是通往一个外层棱堡的可开闭的吊桥。

▼ 博迪恩城堡，位于英格兰的东萨塞克斯。双塔状的警卫室里的枪炮孔，有为枪炮管设置的圆形洞孔，在视觉上是一些垂直的狭缝。到达双塔之间的"死亡之地"的入侵者，会遭到从铁闸门上方的射击孔抛落的发射物的袭击。

时光的流逝中，被制造得越来越高级。

令人吃惊的是，火药的出现并没有立即结束城堡时代。又过了相当长的时间，能够摧毁几米厚城墙的大炮才出现。箭孔或射击孔——弓箭手据此射出箭矢的开口——被直接扩大成了枪炮孔。圆形的孔是枪眼，水平的孔是为大炮准备的，以便炮弹能够穿过城墙。小型炮可以在每个防御层的碉堡垛口开火发射——亨利八世就是在火药的理念下，设计了一连串海岸防御堡垒。

火药的出现，改变了城堡的性质。军队和作战从此变得更加专业。在有效操作下，大炮是一种大规模的杀伤武器，它们对军队和财物的破坏力远远大于一队弓箭手。可以如此轻松操控的炮兵堡垒，经过设计既可供军队的士兵居住和隐蔽，又可以保护像海港这样的重要目标，这在很大程度上，取代了统治者和他的家庭以及数以百计的侍卫居住的大型城堡。由路易十四的军事工程师沃邦精心制作的要塞，仿效了整个18世纪的城堡建筑风格，在设计上没有考虑居住和民间的管理，它只是当时强大的欧洲无休止地玩弄战争政治游戏的一部分而已。

常青藤爬上了城堡

工业革命最终结束了旧式城堡。新式武器令人难以置信的杀伤范围和破坏力，要求有新型防御设施，因为1914年的野战炮可以把约879千克重的炮弹，精确地射到21千米远的地方，

▲ 位于日本姬路的美丽的白鹭城堡，隐藏着一个精心计划的堡垒。它那弯曲的石头地基，是专门设计用以抵御地震的晃动的；而那看起来非常坚固的墙壁，是用具有弹性的木材制造的，这使墙壁可以在地震后仍保持直立。城堡的多层面可以提供多种射击角度。在下面，是一个走廊似的迷宫，庭院和死路会把入侵者搞得晕头转向，这儿是绝佳的杀敌场所。

▲ 周边围墙是八边形的红堡位于印度德里，是1638年由沙·贾汗军王修建的，它长约2.4千米。尽管它的外观看起来十分强大，但这座伟大的莫卧儿堡垒却在1739年被波斯人攻克，1760年被马拉地人攻克，最后在1857年又被英国人攻克。在第二次世界大战期间，很多的英国士兵以及他们的家属都驻扎在这里。

▲ 1861年美国内战时萨姆特堡炮击的一个内部场景。当联盟军的大炮炮弹飞进来时，联邦军装填着炮弹并进行开炮。经过两天的惨烈激战，他们的弹药用完了，不得不投降。

机枪每分钟可以发射600发子弹。更巨大的钢筋水泥炮台被设计出来，以抵御沉重的炮击。一种特殊的、环形的、有火力重叠射程的炮兵要塞，开始矗立在中立的比利时境内。但是，第一次世界大战证明这是没用的。从此，防御工事开始被修建在地下。那条无法被攻破的马其诺防线——一条长长的伸展在法国和德国边界上的堡垒群——主要都是地下堡垒。但是这仍然没用。第二次世界大战一开始，德军就绕过了马其诺防线，通过比利时进入法国。在核武器时代，城墙的厚薄都无关紧要，许多军事基地现在都建在了群山之下——在深深的地洞里。

当中世纪战争的恐怖消失后，城堡建筑开始变得浪漫。它变得时髦了，尤其是在德国。德国人修建了新的中世纪类型的城堡。艾伯特亲王在苏格兰修建巴尔莫勒尔城堡作为家庭的度假居所。之后不久，在19世纪，巴伐利亚的路德维希二世国王修建了迪斯尼类型的新天鹅堡。

今天，依然存在的城堡和堡垒，已经有了别的用途。一些成为地方政府和行政中心，就像在中世纪和平时期一样；一些仍然是重要人物的居所；其他一些则作为贵重物品的存放中心——这些物品包括从珠宝到敏感的档案材料。